# 沈国舫 院士
# 学术思想研究

杨金融 著

中国林业出版社

**图书在版编目（CIP）数据**

沈国舫院士学术思想研究 / 杨金融著 . — 北京 : 中国林业出版社 , 2022.10

ISBN 978-7-5219-1847-2

Ⅰ . ①沈… Ⅱ . ①杨… Ⅲ . ①林业 – 研究 Ⅳ . ① S7

中国版本图书馆 CIP 数据核字（2022）第 158787 号

---

策划编辑：杜　娟　杨长峰

责任编辑：杜　娟　樊　菲　王　远

电　　话：（010）83143553

---

**出版发行**　中国林业出版社

　　　　　　（100009　北京市西城区刘海胡同 7 号）

**书籍设计**　北京美光设计制版有限公司

**印　　刷**　北京富诚彩色印刷有限公司

**版　　次**　2022 年 10 月第 1 版

**印　　次**　2022 年 10 月第 1 次印刷

**开　　本**　710mm×1000mm　1/16

**印　　张**　15.5

**字　　数**　313 千字

**定　　价**　98.00 元

---

# 出版说明

北京林业大学自1952年建校以来，已走过70年的辉煌历程。七十年栉风沐雨，砥砺奋进，学校始终与国家同呼吸、共命运，瞄准国家重大战略需求，全力支撑服务"国之大者"，始终牢记和践行为党育人、为国育才的初心使命，勇担"替河山装成锦绣、把国土绘成丹青"重任，描绘出一幅兴学报国、艰苦创业的绚丽画卷，为我国生态文明建设和林草事业高质量发展作出了卓越贡献。

先辈开启学脉，后辈初心不改。建校70年以来，北京林业大学先后为我国林草事业培养了20余万名优秀人才，其中包括以16名院士为杰出代表的大师级人物。他们具有坚定的理想信念，强烈的爱国情怀，理论功底深厚，专业知识扎实，善于发现科学问题并引领科学发展，勇于承担国家重大工程、重大科学任务，在我国林草事业发展的关键时间节点都发挥了重要作用，为实现我国林草科技重大创新、引领生态文明建设贡献了毕生心血。

为了全面、系统地总结以院士为代表的大师级人物的学术思想，把他们的科学思想、育人理念和创新技术记录下来、传承下去，为我国林草事业积累精神财富，为全面推动林草事业高质量发展提供有益借鉴，北京林业大学党委研究决定，在校庆70周年到来之际，成立《北京林业大学学术思想文库》编委会，组织编写体现我校学术思想内涵和特色的系列丛书，更好地传承大师的根和脉。

以习近平同志为核心的党中央以前所未有的力度抓生态文明建设，大力推进生态文明理论创新、实践创新、制度创新，创立了习近平生态文明思想，美丽中国建设迈出重大步伐，我国生态环境保护发生历史性、转折性、全局性变化。星光不负赶路人，江河眷顾奋楫者。站在新的历史方位上，以文库的形式出版学术思想著作，具有重大的理论现实意义和实践历史意义。大师即成就、大师即经验、大师即精神、大师即文化，大师是我校事业发展的宝贵财富，他们的成长历程反映了我校扎根中国大地办大学的发展轨迹，文库记载了他们从科研到管理、从思想到精神、从潜心治学到立德树人的生动案例。文库力求做到真实、客观、全面、生动地反映大师们的学术成就、科技成果、思想品格和育人理念，彰显大师学术思想精髓，有助于一代代林草人薪火相传。文库的出版对于培养林草人才、助推林草事业、铸造林草行业新的辉煌成就，将发挥"成就展示、铸魂育人、文化传承、学脉赓续"的良好效果。

文库是校史编撰重要组成部分，同时也是一个开放的学术平台，它将随着理论和实践的发展而不断丰富完善，增添新思想、新成员。它的出版必将大力弘扬"植绿报国"的北林精神，吸引更多的后辈热爱林草事业、投身林草事业、奉献林草事业，为建设扎根中国大地的世界一流林业大学接续奋斗，在实现第二个百年奋斗目标的伟大征程中作出更大贡献！

《北京林业大学学术思想文库》编委会

2022年9月

# 前　言

沈国舫，中国工程院院士，我国著名的林学家、生态学家、林业教育家，生态领域的战略科学家。曾任中国工程院副院长，北京林业大学校长，中国林学会理事长，全国政协第八、九、十届委员，全国政协人口资源环境委员会委员，中国环境与发展国际合作委员会委员、中方首席顾问。

沈国舫是新中国林业事业的主要开拓者。他在国内率先采用多元回归统计分析方法研究立地评价，实现适地适树研究从定性经验阶段向定量科学阶段的突破；他是国内混交林营造和造林密度研究的领路者，提出速生丰产林指标的第一人；他在国内较早倡导城市林业研究，提出持续现代高效林业理论，提出基于全过程森林培育的科学绿化观点，为21世纪中国林业战略发展提供重要理论支撑。他是我国天然林资源保护工程、退耕还林还草工程和国家储备林制度的主要倡导者和建议者，为太行山绿化工程、大兴安岭特大森林火灾灾后重建等国家政策制定和区域林业建设贡献了智慧和力量。他多次登上联合国环境与发展大会、世界林业大会的讲台，致力于传播中国生态环境事业和林业事业的成就，是中国林业界享誉世界的闪亮名片。

沈国舫是我国林业教育事业的重要推动者。他是我国现代森林培育学的主要创建者，构建了具有中国特色的森林培育学教育体系，作为编写组长主持编写我国第一本《造林学》全国统编教材，主编我国第一本《森林培育学》全国统编教材，主编《中国主要树种造林技术》（第2版），引领中国森林培育学教材比肩国际水平。他在北京林业大学的建设中投入大量精力，注重师资队伍建设和学科发展，开启了返京复校后的辉煌发展，带领北京林业大学建成全国重点大学，成为林业行业高校的排头兵。作为国家级重点学科森林培育学的带头人，他培养了一大批林业高级专业人才，为我国林业事业的发展奠定了坚实的人才基础。

沈国舫在我国生态保护和建设领域作出卓越贡献。他是"山水林田湖"生命共同体加入"草"的主要建议者，丰富了生态文明思想的理论内涵；他阐明了生态保护和建设的概念范畴，推动构建以国家公园为主体的自然保护地体系。他作为项目副组长参与了"水资源系列战略咨询研究"，树立了中国工程领域战略咨询的标杆；他作为专家评估组组长，主持了三峡工程的阶段性评估、试验性蓄水阶段评估、第三方独立评估等3次重要评估，开创了我国大型工程第三方独立评估的先河。作为中国环境与发展国际合作委员会中方首席顾问，他组织千余名专家学者全面研究我国环境与发展领域的重要问题，兼容并包世界先进环境保护理念和实践，在推进我国生态和环保事业发展、促进国际间环保合作领域发挥重大作用。

本书回顾了沈国舫先生回国从教、投身科研、担任大学管理者、为国家政策建言献策等经历，深入剖析了沈国舫先生的林学学术思想、林业教育思想和生态文明战略思想，反映出他的森林哲学观和方法论，展现一代林业泰斗的思想光辉。

书稿撰写过程中，承蒙先生关心与厚爱，点拨与指导，深得翟明普、张守攻、贾黎明、李世东、马履一、李吉跃、陈鑫峰、严耕、刘勇、范少辉、丛日春、徐程扬、李俊清、彭祚登、刘宏文、刘震、刘传义等老师的支持与帮助，感谢富裕华、刘春江、刘建斌、王忠芝、傅军、方精云、姚延梼、张建国、沈海龙、张彦东、甘敬、孙长忠、全海等老师多年的关心。感谢北京林业大学党委的指导，北京林业大学科技处、林学院的帮助。在收集材料过程中，得到了中国工程院王波、宝明涛两位同志的大力帮助，深以为谢。本书出版过程中，中国林业出版社付出了大量工作。付梓之前，再次向以上单位和个人致以崇高的敬意和衷心的感谢！

传承大师思想，奋进时代征程。由于能力所限，对沈国舫先生思想的总结凝练也有不完备之处，还请见谅海涵。

杨金融

2022年6月

# 目　录

出版说明

前言


## 第一章　脉搏，与祖国的发展共振

第一节　少年沈国舫的林业救国路 …………………………… 003

一、用发达的农业解救最苦的农民 ……………………… 003

二、牢记周总理嘱托，踏上留苏路 ……………… 005

三、要做就做到最好，我代表中国 ……………………… 006

四、完成投身第一个五年计划的心愿 ………………… 007

第二节　倾力投入新中国林业建设 …………………………… 009

一、植树造林，誓让荒山旧貌换新颜 ………………… 009

二、随迁云南，逆境中积蓄迸发的力量 ………………… 011

三、复课招生，投入阔别已久的教学科研 …………… 012

第三节　改革开放春风里的厚积薄发 ……………………… 013

一、为林业事业大发展贡献智慧 ……………………… 013

二、在一片"废墟"上建立全国重点高校 …………… 014

三、花甲之年的学术之花持续绽放 …………………… 015

四、构建具有中国特色的森林培育学教学体系 ……… 015

第四节　在中国工程院领导岗位上贡献力量 ……………… 016

一、多项国家林业重要政策出台凝结着他的智慧 …… 016

二、中国工程院的壮大发展汇聚着他的付出 ………… 017

三、多项国家级战略咨询体现着他的担当 ············· 018

第五节　生态领域的战略思想 ························· 020

一、理论大成，阐明生态保护和建设的理论内涵 ····· 020

二、使命担当，树立大型工程第三方独立评估典范 ··· 021

三、蜚声国际，致力于提升我国生态环保的国际影响力 ··· 022

第二章　奋斗，站在林业科学研究的前沿

第一节　取得适地适树定量研究的突破 ··············· 027

一、何为适地适树原则 ····························· 027

二、引入波氏林型学说 ····························· 029

三、适地适树中的辩证法 ··························· 031

四、实现我国适地适树定量研究的突破 ············· 032

五、研究成果的重要影响 ··························· 036

第二节　种内真的无斗争吗？ ······················· 037

一、"种内无斗争"论的巨大影响 ················· 037

二、用实践反驳"种内无斗争"论 ················· 038

第三节　引领混交林的研究 ························· 040

一、布局北京西山，开启人工混交林研究 ··········· 040

二、推动混交林研究进入新阶段 ··················· 041

第四节　我国速生丰产林指标的制定者 ··············· 043

一、首次提出我国速生丰产林指标 ················· 043

二、起草我国发展速生丰产用材林技术政策 ········· 044

第五节　积极推动城市林业研究 ····················· 046

一、引入世界城市林业研究的新动态 ··············· 046

二、为我国城市林业研究提供方向性指导 ··········· 047

三、拓展森林游憩研究新领域 ····················· 048

第六节 "以水定绿"——干旱半干旱地区造林的中国贡献… 049

　　一、阐明华北石质山地造林树种水分生理特征及

　　　　耐旱机理 ………………………………………… 049

　　二、站在宏观层面重新思考"林"和"水"的关系 … 050

　　三、"以水定绿"和干旱半干旱地区造林的主要观点… 051

　　四、"以水定绿"观点的重要影响 ………………… 052

## 第三章　建言，心系林草事业的发展道路

第一节 基于全过程森林培育的科学绿化观点 ………… 059

　　一、关注科学绿化70年 …………………………… 059

　　二、科学绿化的概念、标准和技术体系 …………… 061

　　三、科学绿化的阶段安排 …………………………… 063

　　四、全过程森林培育的重要意义 …………………… 064

第二节 现代高效持续是21世纪林业发展方向 ………… 066

　　一、现代高效持续林业理论的内涵 ………………… 066

　　二、指导方针和具体对策 …………………………… 068

　　三、与同时期林业理论的比较 ……………………… 070

第三节 系统认识林草关系 ……………………………… 072

　　一、"草"和"林"同等重要 ……………………… 072

　　二、系统认识自然生态各组成要素 ………………… 075

　　三、强调"草"的重要生态作用 …………………… 075

第四节 国家层面的林业重要政策建议 ………………… 077

　　一、我国启动天然林资源保护工程的主要倡导者 …… 077

　　二、沈国舫天然林资源保护的主要观点 …………… 079

　　三、为我国退耕还林还草工程的实施作出重要贡献 … 081

　　四、建立国家储备林制度的主要建议者 …………… 083

第五节 区域层面的林业政策建议 ………………… 085

一、大力支持首都北京绿化事业发展 ………… 085

二、大兴安岭灾后恢复建议 ………………… 086

三、太行山绿化工程的建议 ………………… 089

第六节 大力推动林业产业发展 ………………… 091

一、沈国舫关于林业产业的主要观点 ………… 091

二、指导地方林业产业发展 ………………… 092

第七节 在世界舞台展示中国林业成就 …………… 094

一、把国际先进的林业科技介绍到我国 ……… 097

二、向世界各国展示中国林业成就 …………… 099

三、考察国外林业情况为我所用 ……………… 100

## 第四章 构建，具有中国特色的森林培育学体系

第一节 我国森林培育学教材的历史回顾 ………… 109

一、新中国成立前我国造林论著的基本情况 …… 109

二、20世纪50—60年代我国的造林学教材 ……… 111

三、20世纪80—90年代我国的造林学教材 ……… 113

四、《森林培育学》新版教材的诞生与发展 …… 114

第二节 《造林学》和《森林培育学》比较分析 … 116

一、《造林学》（1961年版）的体例和特点 …… 116

二、《造林学》（1981年版）的体例和特点 …… 120

三、《森林培育学》（2001年版）的体例和特点 … 122

四、《森林培育学》（2011年版）的体例和特点 … 124

第三节 为中国森林培育学作出卓越贡献 ………… 128

一、"造林学"更名"森林培育学"意义重大 … 128

二、明确森林培育学的理论基础和技术体系 …… 129

三、逐步探索形成我国森林培育学的教材体系 …… 130

## 第五章 栽培，林业教育思想和育人实践

第一节 沈国舫林业教育思想的基本内涵 ·················· 135

一、教育目标导向：更好地为我国林业建设服务 ····· 135

二、教育结构设计：建设有中国特色的林业高等

教育体系 ················· 136

三、教育对象分析：提出21世纪林业高等人才培养标准 138

四、教育实现途径：教学、科研、生产实践三结合 ··· 141

第二节 开启北林返京复校后的蓬勃发展 ·················· 143

一、走上领导岗位，要贡献更多 ·················· 143

二、主政北林，开启发展新阶段 ·················· 147

三、团结奋进，总结形成重要办学经验 ·················· 150

第三节 培养高质量人才团队的"一核三度"法 ·················· 156

一、以爱国主义教育为核心的思想道德塑造 ·················· 157

二、以严谨治学、坚持真理、投身实践为内容的学术

态度培养 ················· 159

三、以宏观战略、系统联系、创新创造为思维导向的

学术深度培养 ················· 161

四、以综合素质提升为目标的学术厚度培养 ·········· 163

## 第六章 拓展，从林学到生态保护和建设

第一节 在生态领域的理论贡献·················· 169

一、生态保护和建设的理论研究 ·················· 169

二、对于"两山"理念的理解 ·················· 171

三、建立以国家公园为主体的自然保护地体系 ········ 172

四、生态保护和可持续经营的关系 …………………… 174

第二节　在水资源系列咨询研究中发挥巨大作用 ………… 176

一、"水资源系列战略咨询研究"成果简述 ………… 177

二、提出多项政策建议，为国家战略发展提供有力支撑 … 180

三、担任钱正英的主要助手，发挥关键作用 ………… 181

四、全程参与咨询项目，形成战略咨询示范标杆 …… 182

第三节　情系三峡，主持三峡工程建设评估 ………… 184

一、三峡工程的3项重要评估简介 ………… 184

二、心怀国之大者，勇担国家重任 ………… 186

三、展现极强凝聚力，组织大规模集团作战 ………… 188

四、坚守实事求是原则，客观评价利与弊 ………… 188

五、积极主动参与宣传，正面引导舆论 ………… 189

第四节　国家层面的其他战略研究 ………… 191

一、我国农业、林业的可持续发展战略研究 ………… 191

二、中国生态文明建设若干战略问题研究 ………… 192

三、主持和参与中国环境与发展国际合作委员会

政策咨询 ………… 193

第五节　生态领域的宏观战略思想 ………… 195

一、坚持以国家利益、人民利益为重的战略目标导向 … 195

二、坚持"和谐、持续、前瞻、开放"的战略原则 … 197

三、坚持系统、科学、可行的战略举措 ………… 200

附录一　沈国舫年表 ………… 204

附录二　沈国舫主要论著 ………… 209

后记 ………… 224

# 图　录

图1-1　2017年，沈国舫在中国工程院 ·············································· 002

图1-2　1942年，沈国舫在上海与家人合影 ········································ 003

图1-3　2007年，沈国舫访问母校上海中学 ········································ 004

图1-4　沈国舫的列宁格勒林学院毕业成绩单 ······································ 006

图1-5　1955年，沈国舫在进行拖拉机耕地实习 ·································· 007

图1-6　1952年，中央人民政府教育部成立北京林学院的文件 ·············· 010

图1-7　沈国舫为普列奥布拉任斯基担任助手 ······································ 010

图1-8　北京林学院南迁动员大会（资料来源：北京林业大学档案馆）······ 011

图1-9　1986年，沈国舫担任北京林业大学校长后做报告 ···················· 014

图1-10　2002年，时任国务院总理朱镕基签发的任命书（第二任期）······ 016

图1-11　2001年，沈国舫代表中国工程院与德国代表签署协议 ············· 018

图1-12　2018年11月，笔者陪同沈国舫先生考察三峡工程 ················· 021

图2-1　2010年，沈国舫在光华工程科技奖颁奖典礼上 ······················ 026

图2-2　1959年，林业部发布的《造林的六项基本措施》 ···················· 028

图2-3　造林树种选择的理想决策程序 ·············································· 032

图2-4　西山地区针叶树种和阔叶树种的适生范围 ······························ 035

图2-5　1996年，沈国舫看望1957年引种的欧洲赤松 ······················· 041

图2-6　1985年，沈国舫参加墨西哥第九届世界林业大会 ··················· 047

图2-7　2017年，沈国舫给共青团中央机关干部做报告 ······················ 052

图3-1　沈国舫在第五届中国林业学术大会上做报告 ···························· 058

图3-2　科学绿化的科技支撑体系 ···················································· 062

图3-3　现代高效持续林业理论的关键科学问题 ·································· 069

图3-4　沈国舫翻译的《大阿那道尔百年草原造林经验》 ···················· 073

图3-5　2021年，沈国舫在首届草坪业健康发展论坛上做报告 ············· 076

图3-6　2010年，沈国舫考察哈尔滨天然林下更新 ···························· 079

图3-7　2005年，沈国舫考察黑龙江伊春林区 ·································· 080

图3-8　2002年，沈国舫在陕西吴起考察退耕还林还草工程 ··············· 081

图3-9　2020年，沈国舫考察北京郊区地区白桦林 ···························· 085

图3-10　1996年，沈国舫考察大兴安岭火烧迹地上的落叶松更新 ········· 087

图3-11　1997年，沈国舫在中国台湾有关部门做报告 ······················ 089

图3-12　1991年，沈国舫在巴黎参加第十届世界林业大会 ················· 099

图3-13　2011年，沈国舫与中国环境与发展国际合作委员会外方首席顾问汉森博士
　　　　一起考察加拿大森林 ························································································ 101

图4-1　2011年，沈国舫再看1956年引种的红栎 ············································· 108

图4-2　《造林学》（郝景盛）封面 ·································································· 111

图4-3　《森林培育学》（2001年版）封面 ··················································· 124

图4-4　森林培育的技术体系 ··········································································· 129

图4-5　《中国主要树种造林技术》（第2版）发布会 ································· 131

图5-1　1992年，沈国舫在北京林业大学建校四十周年校庆上致辞 ············· 134

图5-2　20世纪60年代课堂教学 ······································································ 136

图5-3　MITCC现代林业工程技术人员素质图 ················································ 140

图5-4　1978年，北京林学院迁回北京办学的通知 ········································ 144

图5-5　迁回北京时北林的校园情况 ································································ 144

图5-6　1982年，沈国舫主持外语培训中心开学典礼 ···································· 147

图5-7　同学们在崭新的计算机实验室上课 ···················································· 147

图5-8　北林复校后沈国舫和学生一起清理校园垃圾 ····································· 150

图5-9　北京林业大学四院士 ··········································································· 153

图5-10　1990年，北京林业大学主楼的开工典礼 ········································· 154

图5-11　沈国舫主持北京林业大学主楼峻工仪式 ·········································· 154

图5-12　1991年，沈国舫考察朗乡林业局实习林场 ···································· 155

图5-13　1998年，沈国舫和学生们合影 ······················································ 156

图5-14　沈国舫做讲座前等待听讲座的同学们 ·············································· 158

图5-15　2019年，沈国舫在福建农林大学为学子颁发沈国舫森林培育奖励基金 ·· 159

图5-16　沈国舫为青年学子签名赠书 ····························································· 165

图6-1　沈国舫面对昆仑山保护区陷入沉思 ···················································· 168

图6-2　沈国舫做题为《"两山论"与生态系统可持续经营》的报告 ············· 172

图6-3　"院士专家讲科学"之《生物多样性保护与自然保护地体系建设》 ····· 173

图6-4　2005年，沈国舫在水资源项目座谈会上 ·········································· 176

图6-5　2011年，沈国舫考察浙江沿海项目 ················································· 179

图6-6　2005年，沈国舫与钱正英一起考察 ················································· 182

图6-7　2005年，沈国舫考察在建的三峡大坝 ·············································· 186

图6-8　2008年，沈国舫与时任中国工程院院长徐匡迪考察三峡 ················ 187

图6-9　2011年6月12日，沈国舫做客中央电视台《对话：再问三峡》答疑解惑 ·· 190

图6-10　2011年5月26日，沈国舫做客人民网强国论坛 ····························· 190

图6-11　2013年，"生态文明建设若干战略问题研究"项目启动会 ·············· 192

图6-12　沈国舫赠书于中国环境与发展国际合作委员会外方首席顾问汉森博士 ·· 194

图6-13　2021年，沈国舫向北京西山书院赠书 ··········································· 199

图6-14　2018年，沈国舫在塞尔维亚贝尔格莱德俯瞰多瑙河 ····················· 200

第一章

# 脉搏，与祖国的发展共振

图1-1 2017年，沈国舫在中国工程院

　　1933年11月15日，农历九月二十八日，上海市南市区小南门附近的一座小木楼上，一个孩子呱呱坠地，是5个孩子中的老三。孩子的父亲沈桂元是一家红木家具店的雇员，也许因为他对木器甚为了解也情有独钟，沈桂元给孩子取名国舫，舫字意为远航的大船，寄托了对孩子成为国之栋梁的希冀。当年的沈桂元也许想不到，这个孩子不仅人如其名，为国家贡献卓越；还伴随着新中国的成立、发展和富强，逐步成长为中国林业科技的泰山北斗、掌舵之人（图1-1）。

# 第一节

# 少年沈国舫的林业救国路

回顾沈国舫的报国之路，从对大自然的朴素热爱，到成为一代林业宗师，少年时代的经历，思想上的进步，对自然环境、对森林树木的浓厚兴趣，都成为他立志学农报国、投身林业事业的思想基点。

## 一、用发达的农业解救最苦的农民

沈国舫的孩提时代，战火纷飞、动荡不安。1937年，"八一三"事变爆发，日本侵略军进攻上海，年仅4岁的沈国舫和家人一起避难，逃到了父亲的老家浙江嘉善。他再回到上海，已经是1938年的春天，因为家里孩子多，家人无暇照顾，也没有上幼儿园，沈国舫在5岁时就和哥哥们一起上了小学。到了1942年，沈国舫9岁，已经念到了高小五年级（图1-2），有一天他陡然明白，在这个日寇横行的年代，读书是最大的奢求。从此他用功读书，成绩也突飞猛进、名列前茅。而国破之恨化作对日寇的反抗情绪，也在当时还是毛头小孩的沈国舫心里不断积淀，拒绝学习日语成为他

图1-2 1942年，沈国舫（左一）在上海与家人合影

图 1-3　2007 年，沈国舫访问母校上海中学

最直接、最朴素、最强烈的情绪表达。

　　沈国舫就读著名的上海中学（图1-3），从这里走出了57位两院院士。高中时，他追求进步，思想日趋成熟。1945年，抗战胜利、日本投降，本以为看到了曙光，但国民党政府搜刮民脂民膏，大搞腐败，物价飞涨，民不聊生，眼前的一切让沈国舫陷入深思，国已至此，何以救国？！他和要好的同学成立"联进社"，畅谈科学救国、实业救国、教育救国等理想，激荡爱国的热情，碰撞报国的火花。自己创办刊物《摸索》，撰写文章、交流思想，前后油印了4期。这在当时都属于国民党当局禁止的行为。在反复思索之中，沈国舫渐渐认识到，中国最苦的是农民，要想国家富强，必须让农民过上好日子，"用发达的农业去解救最苦的农民"，这个想法逐步在他的心中生根发芽，成为毕生追求的方向。

　　不能只靠空想，还要付诸实践。沈国舫利用课余时间找来农业书籍学习，其中也包括林业的小册子。他从小喜爱乡野，对树林情有独钟，当学到森林有改善气候、保水保土的作用时，不禁萌发了学林的想法。要是能够学习林业，回归大自然，是多么浪漫的事情啊！1948年，苏联正在搞农田防护林建设计划，也叫"斯大林改造大自然计划"，后来几经辗转，沈国舫看到了相关宣传文章，深为所动。他在1950年大学招生报考时，选择了林业，华东片报了浙江大学农学院农学系，华北东北片报了北京农业大学森林系。他的成绩均大大超过了两个学校的录取分数线，原本能上清华的沈国舫要去学林，在他当时的朋友圈中引起了不小的轰动。他选择来到祖国的心脏——首都北京，这里是他向往的圣地。爱国爱民，追求进步，热爱农林，这些最为朴实的思想都是沈国舫在少年时期逐步形成的，而在之后的70多年里，他一直坚持这份纯真与执着，不懈努力奋斗着。

## 二、牢记周总理嘱托，踏上留苏路

1950年9月，沈国舫开始了大学时光，第一年在北京农业大学度过，他近距离感受知名教授的风采，小麦育种家蔡旭、植物病理学家裘维蕃、兽医学家熊大仕等大家的讲学，让他受益匪浅，而印象最深的是林学家郝景盛的报告。大一时期，沈国舫成绩优异，数学是满分，化学的分数也很不错。到了1951年7月，国家选派第一批留苏学生，沈国舫通过选拔顺利入选，当时时间安排非常紧迫，要赶在9月1日苏联大学开学之前到达莫斯科。

8月中旬的一天，周恩来总理在北京饭店宴会厅为留苏学子送行，勉励大家好好学习，学到本领回来报效祖国。激动的心情和报国的热情在沈国舫的心中涌动。为祖国学习，再苦再累都值得；要学到真本领，解决真问题，回来建设自己的国家。沈国舫把志愿深藏心中，化为持久的动力，开启留苏之路。出发前，他拿出国家补贴的10万元中的6.4万元（当时1万元约合现在的1元），买了一本俄汉大字典，伴随他5年的留苏岁月。

由于是首批出国留学生，组织仓促、行程紧张、学生年龄尚小，独自在异乡学习生活困难重重。同年10月，林伯渠赴苏联看望首批留苏学生后，感到十分忧虑，回国后立即给刘少奇和周恩来写信，反映留苏学生因语言不通及饮食、气候等原因，情绪波动很大。林伯渠建议，以后再派留学生，须在国内进行预备教育6个月或多一些时间，也可以到苏联后，先集中学习语言。周总理采纳了建议，成立了留苏预备部。当然，此时的沈国舫，还在一个字一个字地啃俄文字典，为跟上课程教学而拼尽全力。

## 三、要做就做到最好，我代表中国

苏联列宁格勒林学院，即今俄罗斯的圣彼得堡国立林业大学，建立于1803年，是全世界杰出的十大林业类院校之一，也是世界上最古老的高等林业学府，享誉全球。沈国舫是第一批留苏学子中唯一学习林业的，也是当时列宁格勒林学院唯一的中国学生。语言不通、饮食不惯、孤身一人、课业繁重等困难扑面而来，但他不畏惧、不气馁，依靠强大的学习动力和环境适应能力坚持下来。他所在的班级是国际班，除了苏联学生，还有来自波兰、民主德国、捷克、朝鲜、保加利亚、匈牙利、罗马尼亚等不同国家的留学生。沈国舫时常告诉自己：“在这里我就代表着中国，我的成绩就是中国人的水平，要做就要做到最好。”5年学习结束时，沈国舫所有课程的评分都是A（图1-4），他的毕业论文《中亚细亚固沙经验及其在卡拉库姆运河上的应用》作为优秀论文被送到莫斯科展览，最终他获得优秀级林业工程师文凭。

列宁格勒林学院所在地，现称圣彼得堡，是俄罗斯的一座历史文化名城，著名的冬宫、俄罗斯博物馆、马林斯基剧院（旧称基洛夫剧院）都坐落在此；许多享誉世界的诗人及作家，如普希金、莱蒙托夫、高尔基等人都曾在此生活和创作。沈国舫爱好广泛，对艺术、绘画、音乐也有涉猎，

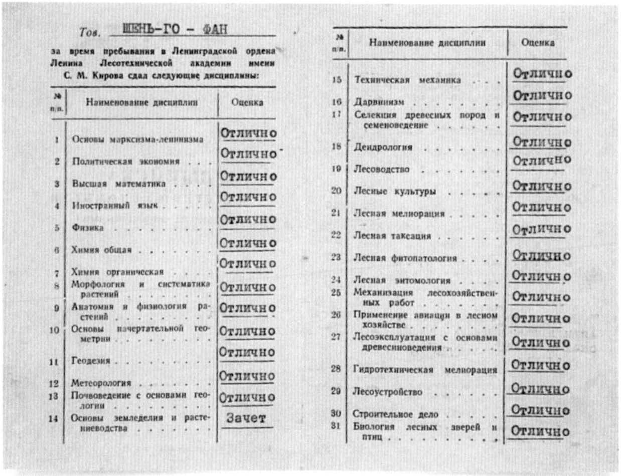
Тов. ШЕНЬ-ГО - ФАН

за время пребывания в Ленинградской ордена Ленина Лесотехнической академии имени С. М. Кирова сдал следующие дисциплины:

| № п/п. | Наименование дисциплин | Оценка |
|---|---|---|
| 1 | Основы марксизма-ленинизма | Отлично |
| 2 | Политическая экономия | Отлично |
| 3 | Высшая математика | Отлично |
| 4 | Иностранный язык | Отлично |
| 5 | Физика | Отлично |
| 6 | Химия общая | Отлично |
| 7 | Химия органическая | Отлично |
| 8 | Морфология и систематика растений | Отлично |
| 9 | Анатомия и физиология растений | Отлично |
| 10 | Основы начертательной геометрии | Отлично |
| 11 | Геодезия | Отлично |
| 12 | Метеорология | Отлично |
| 13 | Почвоведение с основами геологии | Отлично |
| 14 | Основы земледелия и растениеводства | Зачет |
| 15 | Техническая механика | Отлично |
| 16 | Дарвинизм | Отлично |
| 17 | Селекция древесных пород и семеноведение | Отлично |
| 18 | Дендрология | Отлично |
| 19 | Лесоводство | Отлично |
| 20 | Лесные культуры | Отлично |
| 21 | Лесная мелиорация | Отлично |
| 22 | Лесная таксация | Отлично |
| 23 | Лесная фитопатология | Отлично |
| 24 | Лесная энтомология | Отлично |
| 25 | Механизация лесохозяйственных работ | Отлично |
| 26 | Применение авиации в лесном хозяйстве | Отлично |
| 27 | Лесоэксплуатация с основами древесиноведения | Отлично |
| 28 | Гидротехническая мелиорация | Отлично |
| 29 | Лесоустройство | Отлично |
| 30 | Строительное дело | Отлично |
| 31 | Биология лесных зверей и птиц | Отлично |

图1-4 沈国舫的列宁格勒林学院毕业成绩单

图 1-5  1955 年，沈国舫（左）在进行拖拉机耕地实习

留苏学习期间，他参观了多个博物馆，还曾去马林斯基剧院欣赏过多部著名歌剧和芭蕾舞剧，如《天鹅湖》《睡美人》《叶甫盖尼·奥涅金》《黑桃皇后》《茶花女》《阿依达》等，这些都给予他巨大的文化修养方面的财富，让他受益终身。

## 四、完成投身第一个五年计划的心愿

在列宁格勒林学院，沈国舫系统学习了林学知识，如森林生态学、森林培育学、森林经理学和森林改良土壤学等，还积极参加生产实践和实习（图1-5），考察了沃罗涅日州的赫连诺夫林业管理局和石头草原农林土壤改良试验站，位于乌克兰顿涅茨克矿区附近的大阿那道尔森林经营所，乌兹别克斯坦的天山山地试验站和土库曼斯坦卡拉库姆大沙漠等地，提升了解决实际问题的能力。1955年，我国派出以时任林业部副部长雍文涛为团长的林业代表团，赴莫斯科考察。沈国舫承担了其中一个分团的翻译工作，分团由时任林业部造林司司长张昭、经营司司长金树源带队，先后考察了列宁格勒州，乌克兰的哈尔科夫、基辅、顿涅茨克州，乌兹别克斯坦的苏姆州，克里米亚的辛菲罗波尔和雅尔塔。沈国舫出色地完成了任务，也丰富了对苏联林业的认识。

1953年开始，陆续有新的中国留学生来到列宁格勒林学院，到沈国舫毕业时已经有30多人了。大家思想上都追求进步，1955年苏联开放党禁，列宁格勒林学院的中国学生恢复了党团活动，成立了团小组，沈国舫被选为团小组组长。他在北京农业大学上大一的时候，就曾是团总支的总支委员，一心向中国共产党靠拢。后来由于一些原因，直到1961年7月1日，沈国舫才光荣地加入中国共产党，他对祖国建设的巨大热情和倾力投入，对党的忠诚、追随与爱戴始终不变。他曾说："只要对国家有用，就是好的，就这么简单。"

在苏联的学习时间飞快度过，临近毕业时，沈国舫的导师、苏联著名的林学家奥基耶夫斯基希望他可以留在苏联深造，攻读研究生，甚至要给中国驻苏大使馆写信挽留。但沈国舫婉拒了难得的邀请，他一心想回到祖国，投身第一个五年计划的建设中。"这个愿望高于一切"，沈国舫深知中国林业和苏联林业大不相同，只有回到祖国的怀抱，踏上中国的土地，才能做属于祖国、属于人民的林业事业。

# 第二节

# 倾力投入新中国林业建设

1956年，沈国舫回到日思夜想的祖国，当时正值新中国开启第一个五年计划，全国上下掀起了"绿化祖国"的高潮，他亲身参与新中国林业的建设发展，用辛勤的付出和卓越的智慧为祖国贡献力量。

## 一、植树造林，誓让荒山旧貌换新颜

新中国成立伊始，我国的森林覆盖率仅为12.5%，时任林垦部部长的梁希先生曾说"除了少数交通堵塞的原生林外，就是千千万万亩赤裸裸的荒山"，如华北五省的荒地面积高达28.6亿亩[1]，"荒山秃岭满地灾"是当时的真实写照。

面对如此困境，以毛泽东、周恩来为代表的党和国家领导人出台多项政策鼓励国土绿化、植树造林。1955年，毛泽东在《征询对农业十七条的意见》中指出："基本上消灭荒地荒山……实行绿化"，他还提出"要使我们祖国的河山全部绿化起来，要达到园林化"。周恩来十分重视林业资源的利用，他认为森林资源的匮乏是由于"古人只知道建设不知保护森林，后代子孙深受其害"。当时，我国林业建设的总方针是"普遍护林、重点造林、合理采伐和合理利用"，集中体现了新中国成立之初，林业在木材资源供给方面发挥的巨大作用。

林业高等教育在摸索中前行。1952年下半年开始的高等学校院系调整是新中国成立后教育领域学习苏联的最大行动，这次调整的方针是"以培养工业建设人才和学校师资为重点，发展专门学院，整顿和加强综合大学"，调整原则之一是同类系科适当并归，或组建专门学院。为满足新中国林业发展需求，1952年7月，中央人民政府教育部召开了第一次全国农学院院长会议，决定由北

---

1  1亩=1/15hm²，下同。

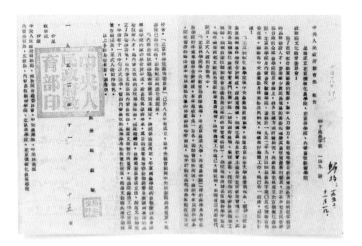

图 1-6 1952 年，中央人民政府教育部成立北京林学院的文件

图 1-7 沈国舫（右）为普列奥布拉任斯基担任助手

京农业大学森林系与河北农学院森林系合并，成立北京林学院（图1-6）。

　　新中国投入大量人力物力建设林业，成立专科林业院校的一系列重要举措，为沈国舫等一批留学归国的青年知识分子创造了施展才华的平台。一方面，沈国舫广泛传播和应用从苏联学习的先进林业知识，解决我国造林的实际问题。他介绍了乌克兰学派的波氏林型学说，丰富了国内立地条件研究的资料；担任苏联专家普列奥布拉任斯基在北京林学院教学期间的助手（图1-7）；赴东北、甘肃、浙江、江西和广东等地考察林业基本情况。另一方面，他在北京西山开启了独立学术研究。沈国舫大一期间，就曾亲眼看见西山秃岭荒山、亟待造林的景象，让他印象深刻。回国后他首选的试验地就是童山濯濯的西山，这里的华北石质山地，造林难度很大，如果能够在西山造林成功，对全国都有示范意义。他几乎每周都要去西山1~2次，跑遍每一块造林地，他还和卧佛寺造林队的工人们一起背土筐、扛树苗，上山造林；带着学生翻山越岭，刨坑挖土，强化实践教学。

孜孜以求的理论研究和坚持不懈的实践共同结出丰硕果实。1958年，沈国舫正式发表了第一篇论文《编制立地条件类型表及制定造林类型的理论基础》，之后《油松造林技术的调查研究》和《丛生油松穴内间伐问题的研究》等论文相继问世；《北京西山油松灌木混交林研究》在北京林学会1965年学术报告会上汇报并取得良好反响。

## 二、随迁云南，逆境中积蓄迸发的力量

潜心科研的日子没过多久，社会环境产生了巨大变化，"大跃进""浮夸风"使得林业遭受重创，造林只管种、不管育，造林面积看似增加，其实也只是数字。1958—1960年，沈国舫参加了北京市荒山造林规划和林果资源清查，那时霞云岭公社是有名的先进公社，号称完成了万亩造林任务，但核算下来，"万亩"林地实际只有1000多亩。接踵而至的政治运动波及全国，日常的工作生活都无法保证，更谈不上科学育林和护林了。"重采轻育""只采不育"造成林业资源的惨重损失，新中国初期活立木总蓄积量为116亿m³，1952—1962年为110.24亿m³，而1973—1976年为95.32亿m³，下降趋势明显。

回顾历史，是为了更好地关照现实（图1-8）。多个政治运动影响整

图1-8 北京林学院南迁动员大会（资料来源：北京林业大学档案馆）

个社会，大学也在所难免，教师下放劳动，学生停止上课，教学时断时续，人心浮动不定，口号漫天飞扬，沈国舫因为留苏背景也受到了一定冲击。1969年，北京林学院搬迁至云南，沈国舫举家随迁，几经易址，生活度日十分艰难，更别说复校上课。当时还流行做木匠活，说是流行，实则被逼无奈，教职工家里连个像样的家具都没有，桌椅板凳都是拼凑的，能够自己动手改善生活条件，也是个不错的选择。经过一番努力，一个床头柜、一个"两头沉"的书桌和一个樟木衣箱诞生了，这些都成为沈国舫对那段时间的纪念。

正当大家被突如其来的运动搞得晕头转向时，沈国舫很快清醒过来，"我无法完全沉溺于做木匠活"，国家终归需要建设，报国需要知识，学习永远不会落伍。他拿出大块时间啃起专业领域的"大部头"。完整通读了美国David M. Smith教授的《实用造林学》，精读了苏卡乔夫院士的俄文原版《森林生物地理群落学原理》，这些学术和语言文字上的积累，都为他持续的学术成长提供了丰富养料。他还利用在云南林区的机会，深入调查了我国南方林业。这不仅体现了沈国舫锲而不舍的学术追求、坚定不移的专业志向、远见卓识的形势判断，更表明了他对祖国的信心、对国家的热爱，坚信待到春风拂遍山河大地，还要用科学知识报效祖国。

### 三、复课招生，投入阔别已久的教学科研

1973年3月10日，中共中央发出了《关于恢复小平同志的党的组织生活和国务院副总理的职务的决定》，邓小平同志复出，形势逐渐好转。同年秋季，北京林学院恢复招生，沈国舫以极大的热情投入到教学科研中，到1979年返京复校之前，他一直坚持耕耘在教学科研工作中，成果频出。在《林业科技通讯》上发表了《安宁县华山松人工林调查报告》；在1973年全国造林工作会议上发表以"林木速生丰产的指标"为主题的文章，此套指标后来写入林木速生丰产的产业政策，是当时国内首创；作为主要贡献者参与《中国主要树种造林技术》编写，该书出版后很长一段时间内作为林业院校造林学树种各论的主要教材，并于1980年获评林业部林业科技成果奖一等奖；在全国国有林场技术人员培训班等多个培训班上做专题讲座；1978年在刚刚复刊的《林业科学》上发表《北京西山地区油松人工混交林的研究》等文章。此时，沈国舫已经成长为我国造林学科新生力量的代表性人物。

# 第三节

# 改革开放春风里的厚积薄发

1978年，党的十一届三中全会胜利召开，中国林业迎来了改革开放的春风；1979年，北京林学院从云南搬回北京办学，披荆斩棘，再次启程。这一时期，沈国舫顺势发展，1980年成为副教授，1986年晋升教授、被评为博士生导师；从1981年起担任学校教务长、副校长；1986年担任校长，到1993年7月卸任，为北京林业大学发展和林业教学科研倾注了大量心血，作出了巨大贡献。

## 一、为林业事业大发展贡献智慧

改革开放给林业带来了新的生机和活力。1978年，国家林业总局获批成立。1981年，《关于保护森林发展林业若干问题的决定》出台，指出"在社会主义现代化建设进程中，保护林木，发展林业，是一项十分紧迫的战略任务"。20世纪80年代，《中华人民共和国森林法》《中华人民共和国森林法实施细则》《中华人民共和国野生动物保护法》等法律法规相继出台。1993年，党的十四届三中全会强调林业发展既要注重经济建设，更要着力兼顾生态环境保护，我国林业已经从单一的木材供给向着保护和发展并进转变。

这一时期，沈国舫科研成果丰硕。1983年，国家科学技术委员会、国家计划委员会、国家经济委员会联合主持制定12个重大领域的技术政策，他被指定为发展速生丰产用材林技术政策的主要起草人，成为提出林木速生丰产指标的第一人。他坚持多年在北京西山研究混交林，与他人共同主编出版《混交林研究》一书，研究水平达到同时期国际领先水平。他把适地适树研究从定性推向了定量阶段，相关成果写进教科书，成为国内同类研究的典型范例。1987年我国大兴安岭发生特大森林火灾，沈国舫作为国务院大兴安岭灾区恢复生产重建家园领导小组专家组的副组长前往灾区考察，以他为主撰写了综合报告供中央决策。20世纪90年代，他积极倡导城市林业研究，1992年主持召开全国第一次城市林业学术讨论会，促成了中国林学会城市森林分会的成立。

## 二、在一片"废墟"上建立全国重点高校

1979—1993年，沈国舫从一名普通教师成长为北京林业大学的校长，特别是1986年开始主政北林，他全心全意投入学校建设，逐步把北京林业大学建设成为名副其实的全国重点高校（图1-9）。

北林刚回到办学原址肖庄时，已经失去了校园的土地产权和房屋使用权。经过沈国舫等人10年的艰苦收回之路，北林校园才得以稳定。1992年，北林主楼建成，成为沈国舫担任校长期间校园的标志性建筑。

实验仪器设备的水平高低对于以实践教学为主的林业特色院校尤为重要，经过搬迁，很多仪器都受损严重，为了赶上国家的水平，北林抓住了世界银行农业教育贷款的有利时机，沈国舫作为项目组的负责人，经过几轮艰苦的谈判，获得约700万美元的贷款，使北林仪器设备焕然一新，另外还筹建了外语培训中心和计算机培训中心。

教师队伍建设和学科建设也是沈国舫主抓的工作，他制定了详细的师资发展规划，鼓励大批北林教师出国培训考察，邀请国外知名学者来校讲学，引入中日合作项目，共同培养优秀青年教师。组织教师开展科研攻坚，编写通用教材，提高教学水平。帮助北林一步一步从回迁初期的劣势中走了出来，到了20世纪80年代后期，北林成为林业院校中国家级重点学

图1-9　1986年，沈国舫担任北京林业大学校长后做报告

科最多和获得科研大奖最多的高校；到90年代又成为院士数量最多的林业院校、名副其实的国家重点大学。

## 三、花甲之年的学术之花持续绽放

1993年5月，沈国舫当选为中国林学会第八届理事长。中国林学会是林学界最高的学术团体，主要任务是引导全国林业学术发展方向，为全体学会会员服务，繁荣学术。到1997年卸任，期间沈国舫组织参加了多次林业学术会议，如1994年参加美国和加拿大林学会的联合年会，1997年赴中国台湾参加海峡两岸交流活动。此外，沈国舫还担任林业领域的重要学术杂志《林业科学》的主编，从学术层面指导期刊编辑工作。

## 四、构建具有中国特色的森林培育学教学体系

沈国舫对森林培育学的巨大贡献还在于构建了具有中国特色的森林培育学教学体系。1961年，28岁的沈国舫作为编写组组长在短短2个月的时间编写完成了新中国第一部正式出版的《造林学》全国统编教材。该教材的编写与出版，既凝聚了全体参编教师的集体智慧，也是他学术起步的标志性成果之一。1981年和1992年，他以副主编的身份参编了2版《造林学》。2001年，沈国舫担任主编的我国第一部《森林培育学》全国统编教材问世，标志着森林培育学科理论体系已经形成，大量具有我国本土特色的实践经验和案例做法，使得该教材成为名副其实的符合中国国情的森林培育学教材，具有里程碑意义。2011年和2016年，沈国舫又对该教材进行了修订，形成了现在较为稳定的体例；2021年，他还担任了该教材第4版的顾问。在森林培育学各论方面，1976年，他作为郑万钧先生的助手，参与了《中国主要树种造林技术》的统编工作。1993年，他与黄枢共同主编《中国造林技术》。2021年，沈国舫担任主编完成了《中国主要树种造林技术》（第2版）。《森林培育学》作为主干教材，《中国主要树种造林技术》作为各论完善，双剑合璧，使我国森林培育学教材在世界范围内占有一席之地。至此，以沈国舫为首的我国林业科技工作者，构建起了具有中国特色的森林培育学教学体系，在世界森林培育学史上留下了浓墨重彩的一笔。

# 第四节

# 在中国工程院领导岗位上贡献力量

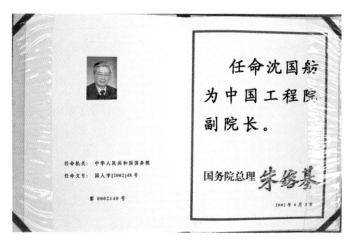

图1-10　2002年，时任国务院总理朱镕基签发的任命书（第二任期）

　　1995年，沈国舫当选中国工程院院士，1998年担任中国工程院副院长，2002年连任（图1-10），到2006年卸任；他是全国政协第八、九、十届委员。十多年间，他在中国工程院领导岗位上做了大量开创性工作，有力推动了中国工程院的发展。他从事的科技研究领域，也从单一的林学学科拓展到包括"水土气生"的综合的大生态环境。

## 一、多项国家林业重要政策出台凝结着他的智慧

　　1998年长江特大洪水暴发，环境破坏带来的恶果倒逼人类深刻反思生态环境问题，我国林业政策也从以木材资源为主向兼顾生态效益的方向转变。沈国舫从20世纪90年代初，致力于林业宏观战略研究，着重分析世界林业政策、科技发展新趋势，主编出版《中国林业如何走向21世纪：新一轮林业发展战略讨论文集》，探索21世纪的中国林业发展之路。他结合

对中国森林可持续发展问题的研究，提出现代高效持续林业理论，撰写了《中国森林资源与可持续发展》《山区综合开发治理与林业可持续发展》《西南资源金三角生态环境建设探析》《把营林工作的重点转移到以提高森林生产力为中心的基础上来》等文章，从不同角度为林业宏观政策提供科学支撑。

沈国舫是天然林资源保护工程、退耕还林还草工程等国家林业重大工程的主要倡导者。1996年，他在考察西南金三角地区原始老林后，以政协委员的身份向中央提出建议，要保护原始老林，这也直接促成了天然林资源保护工程的上马。1998年，他在考察黄土高原农业可持续发展和生态环境建设时，主张黄土高原要大力提倡退耕还林还草。沈国舫为"人与自然和谐共存"理念在我国的深化发展作出贡献。1999—2003年，他专门撰写文章阐释"生态环境建设的概念和内涵"，还发表了《生态环境建设与水资源的保护和利用》一文，被钱正英院士评为起到了"启蒙"的重要作用。

## 二、中国工程院的壮大发展汇聚着他的付出

中国工程院于1994年6月3日在北京成立，这是中国工程技术界荣誉性、咨询性最高的学术机构。1998—2006年，沈国舫担任中国工程院第二届、第三届副院长。如果说成立之初的以朱光亚院士为首的第一届领导班子做的是开局的组织性工作，到了以宋健院士为首的第二届班子、以徐匡迪院士为首的第三届班子，中国工程院的各项工作全面铺开，逐步展示出其在科学界的巨大影响力。沈国舫在其中付出了大量辛劳，作出了卓越贡献。

在两个任期内，沈国舫主管院士增选工作，协助分管科学道德。他主导制定了详细的院士增选工作条例，强调学术水平和科研质量，严把科学道德第一道关，吸纳了当时中国工程领域的众多顶尖人才，打造了一支600余人规模的院士队伍，为中国工程科技发展作出巨大贡献。2006年，沈国舫深入思考农业学科的重要地位和环境学科的发展走势，推动"农业、轻纺与环境工程学部"一分为二，分为"农业学部"和"环境与轻纺工程学部"，优化了学部结构，激发了发展潜力。

沈国舫积极推动各领域、各学科的学术发展，先后组织了在烟台举办的第六届国际果蔬博览会、第二届果蔬加工技术与产业化国际研讨会暨展览会，在北京举办的首届国际水稻大会，在天津举办的海水淡化及

图1-11 2001年，沈国舫（前排左二）代表中国工程院与德国代表签署协议

利用技术国际研讨会，等等。这些会议涉及农业、果蔬、渔业等学科领域，他都细心研究，取长补短，尽己所能，推动发展。

任职期间，沈国舫出席了一系列国际学术交流活动，提升了中国工程院的国际知名度和学术影响力（图1-11）。2001年，他赴泰国曼谷出席国际水稻大会第二次组委会；2004年，他代表中国工程院赴美国参加袁隆平院士的世界粮食奖授奖会。他作为中国工程院代表多次出席国际工程与技术科学院理事会（CAETS）的活动，1999年，他担任中国工程院代表团团长赴韩国首尔参加中、日、韩三国工程院圆桌会议；2000年，他赴日本东京参加国际科学院联合会议；2001年赴芬兰、2005年赴澳大利亚、2006年赴比利时参加国际工程院联合会年会；2003年参加澳大利亚工程院年会；2004年参加俄罗斯建筑科学院互访活动；等等。沈国舫还担任联合国亚太农业工程与机械理事会的中国理事，率中国代表团到各成员国参加年会：2004年到越南河内，2005年到印度新德里，2006年到韩国水原，2009年到泰国清迈。这些外事活动不仅让沈国舫深入了解了国际先进科技进展、拓展了国际视野，也向世界工程科技界展示了中国的现状和实力，在向世界展示中国生态、农林等领域的科技进展方面功不可没。

### 三、多项国家级战略咨询体现着他的担当

为国家提供科学优质的战略咨询，是中国工程院院士的重要职责。1995年，沈国舫参与了卢良恕院士主持的"云贵川资源金三角农业发展

战略和对策研究"，主持完成咨询报告。1998年，主持"黄土高原生态环境建设与农业可持续发展战略研究"，对黄土高原的生态状况作了科学的分析，提出了加强生态环境建设的建议，大力提倡退耕还林还草，提出以林果业和草畜业作为可持续发展的方向，实际上是反对把黄土高原作为以生产粮食为主的农业开发区的主张。2000年，在参与"中国可持续发展林业战略研究"中，沈国舫与他人共同提出的"生态建设、生态安全和生态文明的三生态发展方向"为中央采纳。2005年，他主持"中国农业可持续发展若干战略问题研究"，提出的农业发展战略具有较强的指导作用。

"水资源系列战略咨询研究"是中国工程院战略咨询的第一个重要品牌项目，由钱正英院士主持，包括"中国可持续发展水资源战略研究""西北地区水资源配置、生态环境建设和可持续发展战略研究""东北地区有关水土资源配置、生态与环境保护和可持续发展的若干战略问题研究""江苏省沿海地区综合开发战略研究""新疆可持续发展中有关水资源的战略研究"和"浙江沿海及海岛综合开发战略研究"等6个项目。从1999年开始，历时13年，沈国舫全程参与该项目，在"中国可持续发展水资源战略研究"项目中担任生态组组长，在其余5个项目组担任副组长。"水资源系列战略咨询研究"提出了多项为中央采纳的政策建议，时任国务院总理温家宝高度评价该系列项目，称赞院士专家"从民族生存发展和综合国力竞争的战略高度审视中国的水问题和可持续发展问题，体现了忧国忧民的高度责任感和振兴中华的强烈愿望。"

# 第五节

# 生态领域的战略思想

2006年后，沈国舫卸任中国工程院副院长，主要精力投入国家生态环境林业的宏观战略咨询研究工作中，在生态保护和建设方面也进行了深入的理论研究，为中央在生态领域的战略决策提出诸多有建设性的意见和建议。

## 一、理论大成，阐明生态保护和建设的理论内涵

党的十八大以来，以习近平同志为核心的党中央把生态文明建设纳入"五位一体"总体布局，把建设生态文明写入了党章。新组建国家林业和草原局，统筹山水林田湖（草沙）系统治理，统一管理以国家公园为主体的各类自然保护地，是党中央、国务院为推进生态文明和美丽中国建设作出的重大战略安排，我国林草事业发展、生态保护和建设踏上全新历史征程。

沈国舫深刻总结了新中国成立70多年来，我国林草事业建设取得的成绩，实践中的经验教训，从人与自然和谐发展的高度，提出了全过程森林培育的新观点，辩证地将树木采伐纳入科学绿化的体系中，倡导要正确认识"伐木"在科学绿化中的重要作用，有效推进森林科学经营。

在生态领域，他也作了大量有益探索。针对社会上谈生态建设就夸大人为作用，谈生态保护就"一刀切"不让经营的简单粗暴的做法，从学理上阐释"生态保护和建设"的理论内涵，从自然生态系统、人工生态系统、区域或流域生态系统等角度分析了生态保护和建设的范畴和内涵，提出要以生态保护优先，生态建设也是必要和可用的认识，及时纠正了社会上的一些偏颇看法，推动了政策的平稳运行。

在党的十九大报告征求意见时，沈国舫提出要重视占国土面积40.9%的草地和草原的建设，在"山水林田湖"的基础上增加"草"，这一建议最终被中央采纳。他还致力于建设以具有中国特色的国家公园为主体的自然保护地体系，有力地推动了国家公园的建设。

## 二、使命担当，树立大型工程第三方独立评估典范

2006年后，除了"水资源系列战略咨询研究"之外，沈国舫还主持了"中国生态文明建设若干战略问题研究"。这是我国较早从战略层面研究生态文明建设的项目，探索了资源节约、生态安全与环境保护等生态文明建设的三大支柱如何与国家新型工业化、信息化、城镇化、农业现代化相融合的重大战略问题，为国家推进生态文明建设提供了科学决策建议。他还参与了"新形势下国家食物安全战略研究""中国农业发展战略研究2050""黄河流域生态保护与高质量发展战略研究"等战略咨询，提出了诸多高质量的建议。

举世瞩目的"长江三峡水利枢纽工程"是一项前无古人，后也难有来者的世界顶级大型工程，从1994年启动，到2009年竣工，前后历时15年。这项工程的建设是否发挥了设计的效益，是否取得了既定的目标，对自然生态环境是否有影响，都是社会各界关注的焦点。党中央决定对三峡工程建设情况开展评估，先后开展了三峡工程阶段性评估、试验性蓄水阶段评估和第三方独立评估等3项重要评估。以上项目沈国舫均作为评估专家组的组长，他勇担重任、竭尽所能，饱含着对国家和人民负责的态度，忘我地投入评估工作中（图1-12）。他深知三峡工程是世界工程史上的壮举，全世界范围内没有对如此"巨大"工程评估的先例可循，他带领着专家组的同仁们，用"国之大者"的担当、坚韧不拔的毅力、团

图1-12　2018年11月，笔者（右）陪同沈国舫先生考察三峡工程

结协作的精神和世界水平的科研实力，圆满完成了评估任务，为我国大型工程评估树立了典范。

### 三、蜚声国际，致力于提升我国生态环保的国际影响力

从20世纪80年代开始，沈国舫先后参加了世界林业大会、国际林联世界大会、欧盟及联合国粮食及农业组织召开的学术会议，在会上做中国林业情况的主旨发言，代表中国林学界在国际交流中发挥重要作用。进入21世纪，随着职务的变化和研究领域的拓展，沈国舫参与的国际会议层次更高，涉及面更广，他多次代表中国出席生态、环保、海洋等领域的国际会议。2012年，他作为中国代表团的一员，出席在巴西里约热内卢召开的联合国环境与发展大会，并做其中一个边会的主旨发言，宣传我国生态环境的发展状况和政策主张。2018年，85岁高龄的沈国舫出席在我国北京举办的世界人工林大会，做《中国的人工林——肩负生态和生产的双重使命》的主题报告，全面总结新中国的人工林建设成就，一个半小时的全英文演讲，得到了与会各国代表的广泛赞誉。

2004—2016年的12年间，沈国舫担任中国环境与发展国际合作委员会（CCICED，简称"国合会"）的中方首席顾问。国合会成立于1992年，由时任国务委员宋健发起成立并担任第一届主席，此后历任主席均由分管环保工作的副总理担任。国合会的宗旨是学习世界各国环境保护先进理念和经验，以促进我国的环境保护工作发展，是我国在环境与发展领域的国际型高级咨询机构。沈国舫带领团队在生态保护、海洋环境、土壤污染防治、应对气候变化等许多领域作了领先型的探索研究。多次在国合会圆桌会议上介绍我国生态环保领域取得的成功经验，详细阐释生态文明的相关研究，他曾特别解释了生态文明的英译名词，倡导用ecological civilization，而非ecological culture或ecological progress，得到了各国代表的一致认同。

纵观沈国舫的学术成长和发展的历史，胸怀祖国和人民，一切从人民利益出发，是他思想形成的基点；实事求是和辩证思考是他长期坚持的方法论；从实践中来、到实践中去的群众路线是他在科研教学工作中践行的准则；宏观战略思维和系统联系思维是他在战略咨询研究中不断磨砺的思维方法；对我国林草事业、生态保护和建设事业的无限热爱，则是他耄耋之年仍然躬耕不辍的动力之源。沈国舫用自己的爱国之情、强国之志、报国之行，谦虚、勤勉、严谨、务实的科学态度，在林草事业和生态领域的非凡成就，展现了一个矢志不渝的育林人的形象，为广大林业和生态领域的科技工作者树立了标杆模范。

# 参考文献

何东昌. 中华人民共和国重要教育文献(1949—1975) [M]. 海口: 海南出版社,
    1998: 376.

李玉非. 建国初期学习苏联教育经验的回顾与反思[C]//纪念《教育史研究》创
    刊二十周年论文集(9): 中华人民共和国教育史研究. [出版社不详: 出版者不
    详], 2009: 280-286.

梁希. 梁希文集[M]. 北京: 中国林业出版社, 1983: 195.

林业部. 中国林业在改革开放中前进[M]. 北京: 中国林业出版社, 1993.

林业部颁发一九七八、一九七九年度林业科技成果奖[J]. 林业科技通讯, 1981,
    (4): 1-2.

刘振清. 生态文明的建构: 改革开放以来中国林业发展道路演进的历史考察[M].
    哈尔滨: 黑龙江人民出版社, 2010: 71.

《一个矢志不渝的育林人: 沈国舫》编委会. 一个矢志不渝的育林人: 沈国舫
    [M]. 北京: 中国林业出版社, 2012:9.

许金艳. 沈国舫: 我从年轻时就做着一个"绿化祖国"的梦[EB/OL]. (2014-
    12-29) [2021-08-10]. https://www.cae.cn/cae/html/main/col36/2014-12/29/
    20141229155244710617308_1.html.

杨金融. 沈国舫院士: 从林学家到生态战略科学家[N].中国科学报, 2021-12-28.

中共中央、国务院关于保护森林发展林业若干问题的决定[EB/OL]. (1981-03-18)
    [2021-08-10]. http://www.forestry.gov.cn/main/4815/19810308/801606.html.

中共中央文献研究室, 国家林业局. 毛泽东论林业[M].北京: 中央文献出版社,
    2003: 26.

中国林学会. 中国林学会成立70周年纪念专集[C]. 北京: 中国林业出版社, 1987.

周恩来. 周恩来论林业[M]. 北京: 中央文献出版社, 1999: 69.

60年教育纪事: 中国留学生追忆留苏的燃情岁月[EB/OL]. (2009-09-17)[2021-08-
    10]. https://learning.sohu.com/20090917/n266786100.shtml.

# 第二章

# 奋斗，站在林业科学研究的前沿

图 2-1　2010 年，沈国舫在光华工程科技奖颁奖典礼上

　　林业是涉及范围广、复杂程度高的应用型行业，林业科学研究要着重解决实际问题、提升实际效能。沈国舫在林业领域取得了多项科研成果，推进适地适树原则达到定量阶段，较早地应用立地因子——树种生长关系多元统计分析方法，创造性地开展多树种平行研究；主持起草《发展速生丰产用材林技术政策》国家蓝皮书，提出了我国第一个分地区的速生丰产林指标；在国内较早倡导城市林业研究；提出干旱和半干旱地区造林"以水定绿"的原则；等等，为推动我国林业科研发展贡献了巨大力量（图2-1）。

# 第一节

# 取得适地适树定量研究的突破

适地适树是造林的基本原则之一，如何用数理方法阐释"树"与"地"的适应关系，是长期以来林学界的重要课题。沈国舫率先采用多元回归统计方法应用于立地因子与树种生长关系中，依托北京西山油松等20多年的造林数据，成功实现了复杂立地条件下的树种选择量化标准，这在当时国内林业领域是一个重要突破，也处于国际先进地位，为后续开展的森林资源预测提供了方法指引。

## 一、何为适地适树原则

适地适树并非一家之言，是人民群众经过千百年实践、观察、梳理、总结得出的自然元素间关系的基本经验，体现了朴素的东方哲学观点。早在战国时期，我国劳动人民已经运用"土宜之法"指导生产。西汉刘安《淮南子》中有言"欲知地道，物其树"，大意是如果想知道土地有什么特征，可以看看土地上的树木长什么样。"橘生淮南为橘，橘生淮北为枳"也是树的果实与土地之间关系的直接表达。时至明代，人们对树和地的认识更加深入，王象晋的《群芳谱》记载："在北者耐寒，在南者喜暖。高山者宜燥，下地者宜湿。……此物性之固然，非人力可强致也。诚能顺其天，以致其性，斯得种植之法矣。"强调人不可用蛮力，要讲究顺应天道，也提及了树木与土壤、光照、气候、水分之间的关系。

新中国成立初期，百废待兴，林业生产出的木材在社会主义建设中发挥巨大作用。党和国家及时制定了一系列林业相关政策，保护森林资源，增加树木储量。1950年5月，中央人民政府政务院发布《关于全国林业工作的指示》，提出"应以普遍护林为主，严格禁止一切破坏森林的行为。"1953年9月，《关于发动群众开展造林、育林、护林工作的指示》指出："应该根据各个地区的不同气候、土壤地形、树种等情况，及群众固有习惯与生产能力等条件和当地群众共同商量，因地制宜地提出不同要求和一定时期的造林计划。”保护森林，在重点地区造林，成为当时林业政策的核心内容。

1957年4月，《关于在全国大规模造林的指示》规定了造林选择的树种。提出“为了尽快地增加森林覆盖率和供应国需民用，必须着重发展杨树、洋槐、桉树、泡桐、柳树、苦楝、臭椿等速生树种。”这些树种的选择，只从速生和经济的效益考虑，并未从地力实际出发，且在全国大范围推广，值得商榷。

植树造林如火如荼地进行，人们也从实践的失败中汲取经验，意识到造林并非简单的人工劳动，而是具有一定的技术门槛、需要做好技术和物资的充分准备的工作。适地适树原则开始出现在国家和地方的政策中。1956年11月2日，湖南省人民委员会发布的《关于做好造林准备工作的指示》第二条指出“为了做到‘适地适树’、克服盲目造林的现象，必须以农、林业社为单位，根据土壤、阳光、坡度等自然条件，分别规划出营造

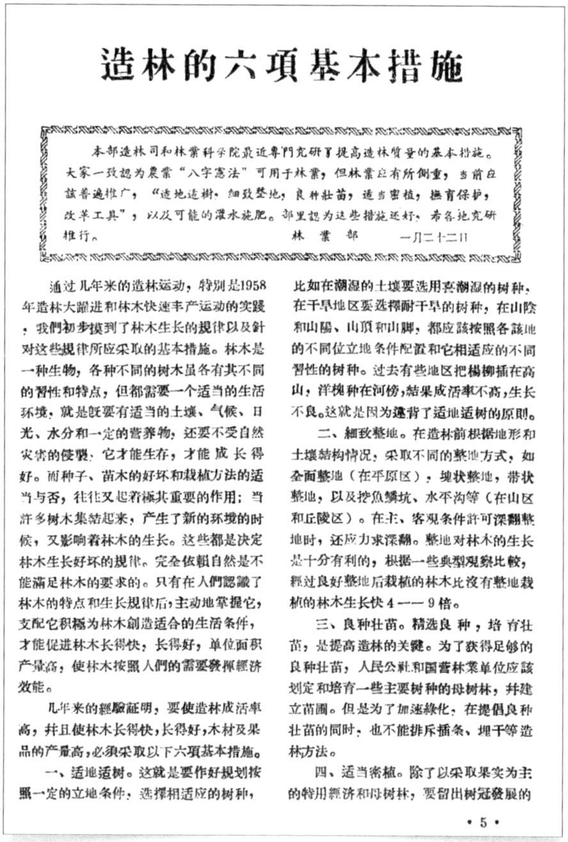

造林的六項基本措施

本部造林司和林業科学院最近專門究研了提高造林質量的基本措施。大家一致認为農業“八字憲法”可用于林業，但林業应有所側重，当前应該普遍推广，“适地适樹，细致整地，良种壯苗，适当密植，撫育保护，改革工具”，以及可能的灌水施肥。部里認为这些措施还好，希各地究研推行。

林 業 部　　一月二十二日

通过几年来的造林运动，特别是1958年造林大躍进和林木快速丰产运动的实踐，我們初步摸到了林木生长的規律以及針对这些規律所应采取的基本措施。林木是一种生物，各种不同的树木虽各有其不同的習性和特点，但都需要一个适当的生活环境，就是既要有适当的土壤、气候、日光、水分和一定的营养物，还要不受自然灾害的侵襲，它才能生存，才能成长得好。而种子、苗木的好坏和栽植方法的适当与否，往往又起着極其重要的作用；当許多树木集結起来，产生了新的环境的时候，又影响着林木的生长。这些都是决定林木生长好坏的規律。完全依賴自然是不能滿足林木的要求的。只有在人們認識了林木的特点和生长規律后，主动地掌握它，支配它积極为林木創造适合的生活条件，才能促进林木长得快，长得好，单位面积产量高，使林木按照人們的需要發揮經济效能。

几年来的經驗証明，要使造林成活率高，并且使林木长得快，长得好，木材及果品的产量高，必須采取以下六項基本措施。

一、适地适树。这就是要作好規划按照一定的立地条件，选擇相适应的树种，比如在潮湿的土壤要选用喜潮湿的树种，在干旱地区要选擇耐干旱的树种，在山陰和山陽、山頂和山脚，都应該按照各該地的不同位立地条件配置和它相适应的不同習性的树种。过去有些地区把楊柳插在高山，洋槐种在河傍，結果成活率不高，生长不良。这就是因为違背了适地适树的原則。

二、細致整地。在造林前根据地形和土壤結构情况，采取不同的整地方式，如全面整地（在平原区），塊状整地，带状整地，以及挖魚鱗坑、水平沟等（在山区和丘陵区）。在主、客观条件許可深翻整地时，还应力求深翻。整地对林木的生长是十分有利的，根据一些典型观察比較，經过良好整地后栽植的林木比沒有整地栽植的林木生长快4——9倍。

三、良种壯苗。精选良种，培育壯苗，是提高造林的关鍵。为了获得足够的良种壯苗，人民公社和国营林業单位应該划定和培育一些主要树种的母树林，并建立苗圃。但是为了加速綠化，在提倡良种壯苗的同时，也不能排斥插条、埋干等造林方法。

四、适当密植。除了以采取果实为主的特用經济和母树林，要留出树冠發展的

• 5 •

图 2-2　1959 年，林业部发布的《造林的六项基本措施》

杉、松、茶、桐和其他树种的地点。"适地适树作为造林原则写进中央正式文件，是1959年1月林业部发布的《造林的六项基本措施》（图2-2）：第一条即适地适树。要做好规划按照一定的立地条件，选择相适应的树种，比如在潮湿的土壤要选用喜潮湿的树种，在干旱地区要选择耐旱的树种，在山阴和山阳、山顶和山脚，都应该按照各地的不同位立地条件配置和它相适应的不同习性的树种。从实践中来、到实践中去，是我党一直坚持的法宝，适地适树原则也是在多年植树造林的经验总结基础上得出的，经历过"杨柳插在高山上，洋槐种在河道旁"这样的弯路。

## 二、引入波氏林型学说

关于造林学的研究，立地条件类型尤为重要，我国开展林型和立地类型研究始于20世纪50年代初期。1962年3月，中国林学会、北京林学会组织召开林型学术研讨会，会议总结指出"林型学是一门较年轻的学科，多半还停留在描述阶段，应当正确使林型学的研究能进入一个实验性和定位性的研究阶段"。沈国舫是国内较早开始研究立地条件的学者。当时，关君蔚担任北京林学院造林教研组主任，1956年底，他带着沈国舫走遍了山西和陕西的诸多县市，详细生动讲解了我国独有的塬、梁、峁和侵蚀沟等黄土高原地貌。沈国舫在赞叹祖国大好河山壮美辽阔的同时，以黄土高原为代表的干旱半干旱地区造林研究也犹如一粒种子深埋进他心里。此行时间有月余，关君蔚和沈国舫详细交流了华北石质山地立地条件类型划分等科学问题，沈国舫很以为意、深受启发。

立地条件则是苏联林学的强项之一，苏联林型学主要分为生态学派、生物地理群落学派和动态林型学派。主要代表人有莫洛佐夫、苏卡乔夫和波格列博涅克等学者。对我国影响较大的是苏卡乔夫的生物地理群落学派和乌克兰林型学派（即波氏学派）。苏卡乔夫林型学说汲取了植物群落学和系统学的观点，他认为林型是一些森林地段的总和，这些地段的树种组成、其他植被层的特点、动物和微生物区系、综合的森林植物条件（气候、土壤、水文）、植物和环境间的相互关系、生物地理群落内和地理群落间的物质能量交换、更新过程和森林演替方向等方面都相似。沈国舫在苏联学习时，主要学习苏卡乔夫的林型学说，1956年于列宁格勒和1957年于北京，他曾两次聆听苏卡乔夫院士的报告，苏卡乔夫的很多学术观点对沈国舫早期学术研究具有深刻影响。沈国舫在苏联沃罗涅日州和大阿那道尔实习时曾实际应用过波氏学说。1958年，他撰写发表了《编制立地条件类型表及制定造林类型的理论基础》，详细介绍了波氏学说（表2-1），为我国大规模的荒山造林提供了科学理论指导，也推动了我国林型学的研究。有一次北京林学会组织关于立地条件类型的学术研讨会，沈国舫作了相关发言，还得到了陈嵘老先生的赏识。

沈国舫认为，在我国造林技术还不成熟的时候，可以学习苏联的经验，在波氏的立地条件类型基础上制定造林类型表，以帮助我国的植树造林更为有效。他利用参与北京市西山林场进行大面积荒山造林技术总结的契机，一个人走遍了北京西山的卧佛寺、魏家村、黑龙潭、红山口等数个造林点，收集积累了大量第一手资料。他选择油松作为主要突破口，于1959年与中国林业科学研究院林业研究所造林研究室、北京市农林局西山造林所的同志合作完成《油松造林技术的调查研究》，专门阐释油松的生态习性和立地条件，详细分析了海拔、坡向要求、土壤酸碱度等影响因子，提出了一些与传统认识不同的观点。如过去认为阳坡适于栽植侧柏，阴坡适宜栽植油松，但经过研究，在土质瘠薄的荒山坡，阴坡土壤湿润肥沃，造林容易成活，幼林初期生长也较快。这是我国较早的对单一树种生长与立地条件关系的综合研究，油松是我国分布在华北、西北、东北的主要树种，这些翔实的研究成果，为后续混交造林、速生丰产林等问题的研究，开了个好头，作出了有益的示范。

### 表 2-1  波格列博涅克地体网格表

| 水分条件等级（水分生境） | | 化学肥力等级（养分生境） | | | |
| --- | --- | --- | --- | --- | --- |
| | | 特别贫瘠的土壤A（松林） | 比较贫瘠的土壤B（亚松林） | 比较肥沃的土壤C（复层亚松林、亚橡林） | 肥沃的土壤D（橡林、云杉林、水青冈林） |
| 极度干燥 | 0 | $A_0$ | $B_0$ | $C_0$ | $D_0$ |
| 干燥 | 1 | $A_1$ | $B_1$ | $C_1$ | $D_1$ |
| 潮润 | 2 | $A_2$ | $B_2$ | $C_2$ | $D_2$ |
| 湿润 | 3 | $A_3$ | $B_3$ | $C_3$ | $D_3$ |
| 潮湿 | 4 | $A_4$ | $B_4$ | $C_4$ | $D_4$ |
| 森林沼泽 | 5 | $A_5$ | $B_5$ | $C_5$ | $D_5$ |

### 三、适地适树中的辩证法

沈国舫辩证地认识适地适树，写入了1961年编写的全国统编教材《造林学》。适地适树的理论精髓在于"树"与"地"的辩证统一关系。"地"与"树"是矛盾统一体的两个对立面，适地适树是相对的、变动的，"地"和"树"之间既不可能有绝对的融洽和适应，也不可能达到永久的平衡。即"树"与"地"的适应是相对的，没有绝对的最优适应，是在特定条件下的相对最优；同时，这种适应又是动态平衡、协调共存的。由于矛盾的斗争性是无条件的、绝对的，要使树种特性和立地条件达到完全统一或者理解为完全和谐是不可能的，这就需要人为措施实施干预以维持发展的平衡状态，因而全部造林技术措施又可以理解为解决"树"与"地"矛盾的具体方法。

沈国舫提出实现适地适树一般有3条途径，即选树配地、改良树种、改变立地。选树配地是自然搭配的方法，人力作用较小，只需要找到适合的树种和适合的立地，二者之间也不存在谁主谁次的关系，需要根据不同情况来考虑。改良树种和改变立地是人为干预的结果，如通过引种、育种等方法改变树种特性，使其能够在原本不适宜的立地条件下生长；或者改变造林地的立地条件，使之达到适合某种树种生长的条件。

1993年，沈国舫在与黄枢先生共同主编的《中国造林技术》一书中，更为深入地探讨了适地适树，他指出定向培育与适地适树原则共同组成造林树种选择的原则。定向培育要求主要考虑经济性状和效益性状，提升森林效益；适地适树则考虑实施的可能性。无目的的适地适树并没有意义，而没有适地适树原则，也无法实现定向培育的结果。在此基础上，定向选择辅助以可行性分析，要考虑成本投入与经济效益，适地适树辅助以稳定性原则，要保证林分的长期稳定，形成了造林树种选择的理想决策程序。进一步明确适地适树中的"树"不仅停留在树种的水平之上，而要包括同一树种中的类型，如地理种源、生态类型、品种和无性系等，这是对适地适树理论研究的深化（图2-3）。

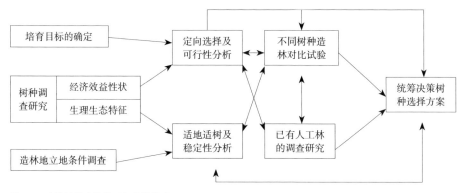

图 2-3　造林树种选择的理想决策程序

## 四、实现我国适地适树定量研究的突破

在实际树种选择中，如何用数量标准来实现适地适树原则呢？这一直是林业界的重点和难点问题。沈国舫受到1976年国际林业研究组织联盟（IUFRO）挪威年会的一篇会议文章启发，采用多元回归统计方法找出立地因子同树种生长之间的关系。该方法首先分析单一树种生长情况和立地条件关系，得出这一树种的立地指数，再比较研究若干树种的立地指数，得出所在地区的适用立地条件，从而用数量关系表达树种选择的优劣。对于"地"，他选择了立地条件复杂的华北石质山地北京西山地区，而"树"则选择了他回国之后一直研究的油松。

1978年上半年，针对北京西山地区油松在15年生之后出现的林木生长因立地条件不同而产生不同效应越来越明显的问题，沈国舫带领学生调查72块纯油松标准地，47块油松混交林标准地，选择对立地影响反应最敏锐且受其他因素（如密度）干扰最少的立木上层高（$H_T$）作为主要生长指标，首先逐个分析各立地因子对油松生长的影响，然后用多元逐步回归分析的方法综合分析立地因子的影响，配制按立地因子预测油松生长的多元回归方程式（表2-2）。

沈国舫对海拔、坡向、其他地形因子（坡度、坡形坡位等）、土壤因子做相关性分析，在单个立地因子影响的基础上做立地因子与油松上层高生长之间的多元逐步回归分析（表2-3）。

表 2-2　1978 年沈国舫设计的北京西山主要立地因子及其分级标准

| 立地因子 | 符号 | 分级标准 |
|---|---|---|
| 海拔 | EL | 按 200m 间距分级，<200m 为 1，201 ~ 400m 为 2，401 ~ 600m 为 3，>601m 为 4 |
| 坡向 | Asp | 先按 8 个方位分别统计，后按阳坡（S、SW、W，记作 1）、半阴半阳坡（SE、E，记作 2）、阴坡（NW、NE、N，记作 3）分为 3 级 |
| 坡度 | SL | 分缓、中、急、陡 4 级，<10° 为 1，11° ~ 20° 为 2，21° ~ 30° 为 3，>31° 为 4 |
| 坡形坡位 | Pos | 分上、中、下 3 级，上部（包括顶部、山脊）为 1，中部为 2，下部（包括山麓阶地及凹形地）为 3 |
| 土层厚度 | SD | 按剖面细土层厚度分成深厚（>81cm）、厚层（51 ~ 80cm）、中层（31 ~ 50cm）及薄层（<30cm）4 级，均为厘米数计 |
| 土壤肥力等级 | SF | 以土层厚度为基础，按腐殖质含量及成土母质状况进行调整，腐殖质含量少的降一级，疏松母质深厚的增一级，Ⅰ级记 90，Ⅱ级记 65，Ⅲ级记 40，Ⅳ级记 15 |

表 2-3　立地因子与 25 年生油松上层高的多元逐步回归分析

| 立地因子变量 | 回归系统 | | | |
|---|---|---|---|---|
| | I = 1 | I = 2 | I = 3 | I = 4 |
| 海拔 EL | | | | 0.111390046 |
| 坡向 Asp | | 0.329530891 | 0.345722194 | 0.354581737 |
| 坡度 SL | | | −0.191951484 | −0.203080731 |
| 坡形坡位 Pos | | | | |
| 土肥 SF | 0.042044566 | 0.040380797 | 0.038948382 | 0.038274820 |
| bo | 3.17967226 | 2.55370163 | 2.99263145 | 2.86560950 |
| $R$ | 0.81226836 | 0.86072315 | 0.87235522 | 0.876448738 |

相关阵

| | EL | | | | | |
|---|---|---|---|---|---|---|
| El | I | Asp | | | | |
| Asp | −0.06524788 | I | SL | | | |
| SL | 0.06382093 | 0.07566910 | I | Pos | | |
| Pos | −0.12475564 | −0.03150485 | 0.02467282 | I | SF | |
| SF | 0.12375474 | 0.11214301 | 0.02467282 | 0.16443827 | I | $H_T$ |
| $H_T$ | 0.14754560 | 0.37401236 | −0.25767217 | 0.10154551 | 0.81226838 | I |

由于坡形坡位影响过小，舍去；土壤肥力因子影响最大，首先引入方程式，而后依次为坡向、坡度、海拔等因子。最后形成多元回归式为：

$$H_T=2.866+0.03827SF+0.355Asp-0.203SL+0.111EL$$

复相关系数：$R=0.8764$

偏相关系数：$R'_{SF}=0.8289$

$$R'_{Asp}=0.5334$$

$$R'_{SL}=0.2965$$

$$R'_{EL}=0.1730$$

偏相关系数即各立地因子对油松生长的重要性。根据此式可以预测各种立地条件下的油松生长，主导因子为土壤肥力，次主导因子为坡向。一般情况下可以选用土壤肥力与坡向两个因子做有效预测。

基于单一树种与立地条件的关系研究成果，结合多树种的平行研究，则可以得出各树种的生长情况与各立地因子之间的相互关系。基于这个相互关系的分析，可以修改立地条件类型表，提出新的适用树种方案，完成了适地适树的定量分析。

沈国舫带领学生们调查了西山所有的人工林，调查各树种人工林的标准地252块，作了200多株树干解析和60多个土壤样品的理化分析，主要树种包括油松、侧柏、白皮松、华山松、樟子松、落叶松、桧柏、刺槐、栓皮栎、槲树、元宝枫、白蜡、黄波罗、臭椿、银杏、栾树、杨树、核桃、板栗、山杏、桑树、黄栌、紫穗槐、胡枝子等。按照类似分析油松的方法对不同树种的立地条件进行分析，在此基础上重新划分立地条件类型。

由于北京西山地区属于我国华北石质山地类型，立地条件复杂多样，沈国舫结合各树种生长情况与立地关系的结果选择3个主导因子。

（1）海拔因子：按照400m为界限分为低山下带（L）及低山上带（M）；

（2）坡向因子：分为阳坡组（S）、半阴半阳坡组（E）、阴坡组（N）；

（3）土壤肥力等级：以土厚为基础，参考腐殖质层状况及成土母质状况划分为4级。

据此提出了西山林场立地条件类型表（表2-4）。

表 2-4　西山林场立地条件类型表（1979 年）

| 海拔 /m | 土壤肥力等级 /cm | 坡向 | | |
| --- | --- | --- | --- | --- |
| | | 阳坡 S （S-SW-W） | 半阴半阳坡 E （SE-E） | 阴坡 N （NW-NE-N） |
| 低山上带 M>400 | Ⅰ（>81） | M-S-Ⅰ | M-E-Ⅰ | M-N-Ⅰ |
| | Ⅱ（51～80） | M-S-Ⅱ | M-E-Ⅱ | M-N-Ⅱ |
| | Ⅲ（31～50） | M-S-Ⅲ | M-E-Ⅲ | M-N-Ⅲ |
| 低山下带 L<400 | Ⅰ（>81） | L-S-Ⅰ | L-E-Ⅰ | L-N-Ⅰ |
| | Ⅱ（51～80） | L-S-Ⅱ | L-E-Ⅱ | L-N-Ⅱ |
| | Ⅲ（31～50） | L-S-Ⅲ | L-E-Ⅲ | L-N-Ⅲ |
| | Ⅳ（<30） | L-S-Ⅳ | L-E-Ⅳ | L-N-Ⅳ |

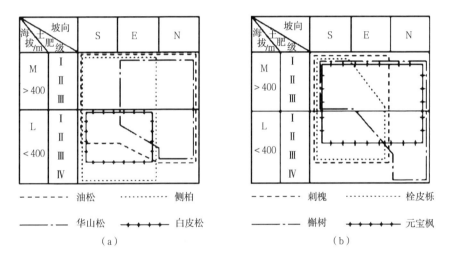

图 2-4　西山地区针叶树种（a）和阔叶树种（b）的适生范围

　　对此21个类型又按照实际应用的相似情况分类为6个组，即低下阳坡厚土组、低下阳坡薄土组、阴坡厚土组、阴坡薄土组、低上阳坡厚土组、低上阳坡薄土组，以便于不同生产工作需要选用。

　　据此，沈国舫分析了西山地区的针叶树和阔叶树适生范围，对造林树种的选用提出了新的认识（图2-4）。实现了适地适树的定量判断，为我国优质科学林提供了重要的科学支撑和有力保证，对我国科学绿化造林起到了巨大的推动作用。

## 五、研究成果的重要影响

多元逐步回归方法进行适地适树的标准研究也存在一定缺陷：由于以树高为主要指标，无法直接说明人工林的产量水平，对于一些树种，其树高与胸径、树冠形状没有直接关系，单位面积可容纳的株数也不同，导致产量关系也并不相同，因此只能反映一个侧面；另外，主导立地因子的选择存在一定的主观因素，需要基于丰富的实地调查和考虑多方因素才能做到准确的综合判断，实际操作中难度较大。

即便如此，沈国舫依然打开了我国人工林适地适树定量研究的一扇大门。在此基础上，逐步出现了材积生长量与树种选择的关系、立地期望值与树种选择的关系等标准。时至今日，适地适树宜林性研究仍是广受关注的研究课题，后来的科技工作者由沈国舫的研究成果不断开拓发展，已经形成较为丰富的立地质量评价模型，特别是在纯林预测方面取得了较好的成效。

# 第二节

# 种内真的无斗争吗?

在全面学习苏联的年代，"米丘林–李森科"理论对我国科学界影响巨大。林业界也被波及，李森科的"种内无斗争"论、丛状造林法、橡树簇播造林法等，都是一时间我国林学界所推崇的。沈国舫在留苏期间，就对"种内无斗争"产生了质疑，回国后，他带领学生开展油松群状造林及穴内间伐研究，用实际验证结果有力地驳斥了"种内无斗争"论，否定了教条式学习苏联经验的倾向。

## 一、"种内无斗争"论的巨大影响

特罗菲姆·邓尼索维奇·李森科（1898—1976年），苏联生物学家、农学家，曾因发明"春化法"而名噪一时，获得苏联政府的大力支持。1935年，李森科获乌克兰科学院院士、全苏列宁农业科学院院士称号，任敖德萨植物遗传育种研究所所长。作为"米丘林学派"的重要人物，李森科在苏联科学界影响力巨大。早在20世纪40年代，他在《自然选择和种内竞争》一文中提出了"种内无竞争"的观点。全苏列宁农业科学院会议之后，米丘林学派开始垄断苏联生物学界，李森科的观点又一次引起广泛关注。1950年11月3日，他在《真理报》发表文章《科学中关于生物种的新见解》，指出种是具有一定质态的活物体，一个种是由另一个种在一、二代中产生的；种内关系和种间关系有根本不同，种间关系既有斗争又有互助；种内既无斗争又无互助，全部个体一起保证种的繁荣。

20世纪50年代，我国科学界，尤以遗传学、生物学、农学、林学为甚，掀起了米丘林学说热潮。一边"坚持米丘林方向的斗争"，一边批判"孟德尔–摩尔根"学说，火趁风威、风助火势，到1955年，这一影响达到了顶峰。1951—1954年，我国出版的生物学教材和著作几乎介绍的都是李森科在物种问题上的"创见"，以及根据这一观点提出的防护林带穴播法。如《苏联李森科院士提出的造林新方法——丛状播种法》《簇播造林的树种相互关系》，引用苏联东南农业科学研究所对簇播、穴播和按簇、穴植树造林的林分的生长发育观察情况，得出结论为"随着每簇内橡树数量的增多，橡树的生长条件也越来越好"。这些后来被证明为拙劣的理论，在当时广泛传播，成为我国造林的理论指导。

这种影响直接体现在新中国成立初期的植树造林的政策制定和技术实施上。1956年公布的《关于在全国大规模造林的指示》提出"造林要保证一定的密度（用材林每公顷一般要有六千株到一万二千株，即每十亩四百株到八百株，经济林、薪炭林、防护林也要根据具体情况规定不同的密度）。"按照现代科学对于造林密度的认识，一般每公顷1000棵左右，最多不超过2000棵，当时制定的目标远远超过了上限。《造林的六项基本措施》也提出了"适当密植"，在实践中，新中国成立初期的造林大多比较密，比如北京西山造林时，在水平阶行距定为1.2m的情况下，要求阶内油松或侧柏的株（穴）距保持在0.3～0.4m，虽然能够保持在短期内2～3年就看到造林成效，但进入了郁闭阶段，穴状多粒种子播种形成了3～4株幼苗丛植，该如何进行抚育管理，这是需要有正确理论指导的。

## 二、用实践反驳"种内无斗争"论

1961年，沈国舫为他的研究生富裕华选定了"油松群状造林及穴内间伐"的研究方向，当时我国北方不少人工林采用了穴状多粒种子播种造林或者3～4株幼苗丛植造林，已经进入了郁闭阶段，抚育管理是否需要间伐呢？"不唯书，只唯实"，沈国舫选择自己动手调查实践，他带领学生们先后到河北省东陵林场、北京市雾灵山林场、山西省古洞道经营所和安泽林场调查了大面积的丛生油松林，获得了大量实际调查资料。1965年，他和学生富裕华及陈义共同发表了《丛生油松穴内间伐问题的研究》，指出："按照种内无斗争论的说法，丛生群体内似乎只有和谐没有矛盾，植物丛生似乎只有有利作用而没有不利作用。但是我们应该用'一分为二'的观点来观察丛生群体，通过对油松的研究，初期油松多株丛生以有利作用为主，这就使得幼株成活和生长良好，稳定性得到保障；但到一定年龄阶段后就转化为不利作用为主，影响着植株的生长。"此研究有力地驳斥了"种内无斗争"论，展现了一个科学家应有的科学态度。

沈国舫广泛收集国内外造林密度试验结果，经过深入细致的分析和思考，指出造林密度一般应根据造林的目的要求、树种生物学特性、造林地立地条件、造林技术集约程度及社会经济条件分别拟定。他还详细阐释了造林密度的动态变化和适应关系，相关观点写入了早期的《造林学》教科书。针对油松，他认为其造林密度应当适中，过密过稀都会产生不良效果，但在一般常用的针叶造林树种中，油松的造林密度是应该相对大一些的（与红松、落叶松、杉木、火炬松等相对比），其具体大小应根据试验研究结果及生产经验积累区别情况分别确定。如根据树冠郁闭进程来确定，则在一般生产条件下，采用1.0m×1.5m的株行距，幼林抚育3年保证幼树稳定高出杂草层，第5年进入行内郁闭，第7年进入行间郁闭，造林密度每亩444株适当。如根据第一次间伐要求的出材径级来确定，这样能保证第一次间伐时候能产出小径材，收到经济效益。在立地条件好的或者劳动力较少的地方，造林密度可以采用每亩296～333株。综合来看，油松的造林密度应保持在每亩296～444株。1978—1981年，沈国舫带领学生作了北京西山地区油松人工林的抚育间伐研究，成果为北京市林业局采纳，作为北京市人工林抚育间伐的技术指导依据。

# 第三节

# 引领混交林的研究

营造纯林存在众多弊端，如难以维持地力，易受到病害、虫害，易风倒，等等。营造混交林就成为世界林学界关注的重点问题之一。我国混交林营造的历史悠久，如杉木与油桐混交、油茶与油桐混交、马尾松与木荷混交、马尾松与樟树混交，行之已久。混交林研究则从20世纪70年代逐步开始，研究相对较晚的原因除了科技水平的限制之外，混交林实验用地用材也需要一定时间的成熟期。在众多的混交林研究项目中，沈国舫对于北京西山地区人工混交林的研究，具有代表性的引领意义。

## 一、布局北京西山，开启人工混交林研究

沈国舫对于人工混交林的研究一直保持着极大热情，他在北京西山地区大面积造林时，就提前布局，有意识地在北京林学院妙峰山教学试验林场布置混交林试验样地，包括油松灌木混交林、油松元宝枫混交林、油松栓皮栎混交林、油松侧柏混交林等。1962—1964年与1973—1977年，沈国舫分两次调查研究这些混交林，形成《北京西山地区油松人工混交林的研究》一文。此项目作为林业部"华北主要树种人工林生态系统的研究"课题的重要组成部分，于1986年10月30日通过技术鉴定。专家一致认为"该项研究成果居国内先进水平。其中用$^{32}$P探索混交林内树种间相互关系等方面的研究达到国际先进水平。"该研究对于我国华北石质山地造林，甚至是全国范围内的混交林造林都具有指导意义。

沈国舫提出的混交林理论，至今仍具有现实指导意义。如，营造混交林可以在一定程度上改良土壤、减少病虫害、增加稳定性、促进油松生长的作用，应积极提倡。混交林的优越性只有在正确采用混交技术的情况下才能发挥出来，混交树种的关系错综复杂，是随着混交树种、混交比例和方法、苗龄及造林先后、抚育措施等因素而变化的。混交林需要长期观察，造林初期和后期的表现有较大差异（图2-5）。

图 2-5 1996 年，沈国舫看望 1957 年引种的欧洲赤松

沈国舫还安排学生长期坚持对北京西山地区的混交林开展研究，如安排翟明普研究油松元宝枫混交林，刘春江从事人工油松栓皮栎混交林研究，姚延梼开展油松侧柏人工混交林研究，贾黎明从事杨树刺槐混交林研究，张彦东开展水曲柳落叶松混交林研究，等等，都取得了丰硕成果。

## 二、推动混交林研究进入新阶段

1993 年，沈国舫主持了国家自然科学基金重点项目"混交林中树种间相互作用的机制"研究，其中包括北京林业大学的关于华北平原沙地杨树刺槐混交林研究和东北林业大学的关于东北山地兴安落叶松水曲柳混交林的研究。在混交林的生理生态、树种间的营养关系、生化它感作用、微生物的参与等方面取得了明显进展。他主要参与的杨树刺槐混交林研究，在根系分泌物中提取出 87 种有机物质，探讨树种间的互补竞争以及生物化学关系，展示了混交林中种间关系的复杂性和综合性。此研究代表了当时我国混交林研究的最高水平，已向世界先进水平靠拢。

1996 年，时任中国林学会第八届理事长的沈国舫主导召开全国混交林与树种间关系学术讨论会，这是我国首次围绕混交林营造召开的全国范围高水平学术研讨会，来自广东、湖南、河南、福建、浙江、安徽、山东、黑龙江、辽宁、陕西、甘肃、四川、贵州、北京等14个省（自治区、直辖市）的林业专家齐聚哈尔滨，全面总结新中国成立以来，特别是改革开放以后混交林营造的科研成果。沈国舫主编并出版会议论文集《混交林研究——全国混交林与树种间关系学术讨论会文集》，展示了多项研究成果。如：落叶松和水曲柳是如何相互促进的，促进土壤中磷有效释放的特殊机理；杨树和刺槐之间又如何通过根系接触将根际土壤中氮素营养进行传递的；还发现了杨树能使矿物钾加速分解吸收利用的现象。会议的召开和论文集的出版，代表了我国混交林研究进入了快速发展的新阶段，成为我国混交林研究的里程碑事件。在会议总结发言中，沈国舫提出4条建议，为后续人工混交林的研究指明了方向：一是提倡发展混交林的培育不能绝对化，要尊重立地条件和树种特征，在一定树龄的范围内，选择适宜的培育经营方法；二是深入开展混交林试验研究，摸清树种间错综复杂的相互关系机制，以及不同立地条件下的混交树种在整个培育周期内的相互关系发展规律，提出切合地区条件和培育目标的可行方案；三是混交林研究应更多地注意自然力和自然植被成分的利用；四是澄清了以不同地形地貌（或局部立地）采用不同树种的镶嵌布局作为块状混交研究的误区。

# 第四节

# 我国速生丰产林指标的制定者

营造速生丰产优质高效的用材林，一直是营林活动的主要目标。第二次世界大战之后，国际上开始对速生丰产林进行系统研究，我国于1958年提倡营造速生丰产林，如何判定树林是不是速生丰产，确定标准尤为重要。沈国舫通过10多年的资料收集、实地调查和理论思考，在我国首次系统提出了我国速生丰产林指标，起草了《发展速生丰产用材林技术政策》，他被誉为"我国速生丰产林的总设计师"。

## 一、首次提出我国速生丰产林指标

速生丰产林，顾名思义，就是长得快、产得多的森林。在人们不断追求更高质量、更快速度、更大产量的人工林的同时，理论认识也不断深化，出现了"短轮伐期""集约育林""定向使用的用材林或者生态林"等认识。沈国舫同意速生丰产林应包含"定向、速生、丰产、优质、稳定、高效"几个特点的理解。他更加深入地阐释了速生丰产的要求：速生主要是指能较快地使培育的林木达到可利用的标准；丰产泛指单位面积的木材产量或生产力水平较高，丰产与一定立地条件下的林木生长速度有关，又与林分结构及培育年限等因素有关。速生丰产是相对的概念，因此低限指标的界定就尤为重要，超过什么标准才是速生丰产。沈国舫认为，单纯依靠自然力的高产林不算现代意义的速生丰产林，只有采取科学的集约栽培措施，并取得立地和树种生产潜力的高水平发挥的人工林，才能算真正的速生丰产林。

相比于概念，速生丰产林的指标、政策和技术措施更加关键。沈国舫开创了我国速生丰产林指标和技术措施的先河，作出了十分突出的贡献。他从20世纪60年代开始就关注速生丰产林指标问题，通过10多年的资料的积累和实地考察调研，对比国内外大量翔实的森林生长量的数据资料，经过严密的统计分析，在1973年的全国造林工作会议上，他提出了分区域的林木速生丰产低限指标，即著名的"3-5-7"指标，要求平均生长量达到每年每亩0.3m³（华北山地）、0.5m³（东北山地）和0.7m³（南方山地）以上，还写了一篇小文在会上印发，引起广泛关注。1979年，他对华北中原平原补充提出了平均生长量达到每年每亩1.0m³的丰产指标。

值得注意的是，1973年全国造林工作会议是时隔多年，全国林业界的一次盛会。会议分为两段举行，第一段在湖南株洲，第二段在山西运城，对于全国林业工作的总结和后续林业工作的开展具有重大意义和深远影响。会议提出了要"实行科学造林，加强保护管理"，并重申了1968年提出的坚持实行适地适树、良种壮苗、细致整地、精心栽植、密度合理、抚育保护等措施。沈国舫在会上发放的理论文章，如久旱甘霖，对我国速生丰产林标准确立、规划制定和执行具有重要的推动作用。

## 二、起草我国发展速生丰产用材林技术政策

党的十一届三中全会之后，党和国家重新总结在资源使用、发展布局、人口政策等方面走过的弯路，吸取经验教训。"我们过去忽视量大面广的生产技术开发，虽然卫星上了天，但电灯泡、刮胡子刀片却过不了关；片面强调'以粮为纲'，插秧插到湖中心，开荒开到山顶上，不顾资源条件，干了许多得不偿失的蠢事。"组织开展重要领域技术政策研究刻不容缓。

1983年，国家科学技术委员会、国家计划委员会、国家经济委员会（以下简称"三委"）联合主持制定12个重大领域技术政策。三委动员了670个单位，3500名专家和管理干部，组织了210个专题。在技术政策出台前期做可行性研究，包括历史经验和教训总结，国内外水平和差距的比较，技术经济分析和评价，数据测算、系统优化和实验结果等。经过多方比较、科学论证和广泛征求意见，最后形成12个重大领域的技术政策要点，包括能源、交通运输、通信、农业、消费品工业、机械工业、材料工业、建筑材料工业、城市建设、村镇建设、城乡住宅建设和环境保护等，于1986年5月24日经国务院常务会议审定通过后发布。这些技术要点是编制科技、经济和社会发展规划，指导科技攻关、技术改造、技术引进、重点建设以及产业结构调整的重要依据，是党中央重视科技政策可行性研究的最好证明，其重要性不言而喻。参与制定的，都是当时我国各领域的顶尖专家，代表了国内的最高水平。速生丰产林的政策要点是《中国技术政策：农业》的重要组成部分，以此为标志，我国不同树种速生丰产林的标准体系逐步建立，速生丰产林的建设也进入了规范发展阶段。

沈国舫起草的《发展速生丰产用材林技术政策》，系统分析了发展速生丰

产用材林的必要性和可行性；细致推算了我国速生丰产林的实际情况，明确提出成材年限或轮伐期，平原地区及南方山地应在10～25年范围内，北方山地则应在15～40年范围内，速生丰产林的年平均材积生长量应在每亩0.5m³（北方山地）、0.7m³（南方山地）或1.0m³（平原地区）。他阐释了单个林分的最高生长量水平，提出集约经营的速生丰产林应比粗放经营的一般人工林高出很多（表2-5）。

沈国舫指出，适合发展速生丰产林的重点地区包括：小兴安岭长白山山地、华北中原平原（包括汾渭平原）、南方山地丘陵、长江中下游平原、云贵高原山地、华南热带地区。按照潜力大小和重要性排序为南方山地丘陵（超过6000万亩）＞小兴安岭长白山山地（约2000万亩）＞华北中原平原（约2500万亩）。提出多项发展速生丰产用材林的技术措施，包括：正确选择造林树种，多选择品质优良的乡土树种；营林以纯林为主，混交林得到一定的鼓励；大力推广良种壮苗；设置合理造林密度，做好抚育间伐；采取合理的造林技术，提高施工造林质量；对合理人工林灌溉和施肥；加强病虫害的防治工作；等等。这项成果获得了国家科学技术进步奖一等奖，对"七五""八五"期间的速生丰产林计划立项和实施，具有积极的推动作用。

沈国舫还十分重视速生丰产林的经济问题，提出实行林价制度，提高育林基金标准；少收税或者减半收税；长期无息或者低息贷款；补偿交易；特殊经济政策；等等。林业要在抓生产的同时，也抓好经营和流通。在20世纪80年代，他提出在完成国家计划任务、保证国家利益前提下兼顾集体和个人利益，允许企业加价销售抚育间伐的林木，把产、供、销、林、工、商各个环节紧密集合起来，这在当时十分先进，有效保证了林木可持续经营。

表2-5　单个林分最高生长量水平（作者整理）

| 林分类别 | 最高年生长量 / ( m³/hm² ) | 树种举例 |
|---|---|---|
| 温带寒温带针叶林 | 8 ～ 16 | 松、云杉、落叶松 |
| 暖温带及亚热带针叶林 | 20 ～ 30 | 花旗松、柳杉 |
| 热带亚热带针叶林 | 20 ～ 40 | 南方松类、热带松类、杉木、柏木、南洋杉 |
| 温带暖温带阔叶林 | 30 ～ 50 | 杨树、泡桐 |
| 热带亚热带阔叶林 | 30 ～ 50 | 桉树、木麻黄、团花、银合花等 |

# 第五节

# 积极推动城市林业研究

在沈国舫看来，城市林业是人们生活质量提升之后，对生活环境和休闲娱乐需求增加的产物，发端于20世纪60年代的美国也实属正常。他敏锐地认识到我国也需要紧跟时代，组织研讨会，开展课题研究，积极推动城市林业研究。

## 一、引入世界城市林业研究的新动态

20世纪70年代城市林业的概念就传入我国，D. F. W. Pollard于1977年发表 *Impressions of Urban Forestry in China*；到了80年代城市林业的概念逐步为我国学者所接受。1985年，沈国舫作为中国代表团的一员赴墨西哥参加第九届世界林业大会（图2-6）。结合会议考察见闻，他撰写了《对世界造林发展新趋势的几点看法》，文章提及了造林的发展方向，总体来讲，世界造林是从单纯搞用材林向多林种综合经营的方向发展。在谈到美国林业向森林多目标经营的发展趋势时，他指出"美国把相当大面积的森林划为水源林、国家森林公园及游憩林，像开发较早的美国东部林区已不再是主要木材生产基地，这些地区的造林工作实际上是以发挥防护和游憩作用为主要目的"，明确提出了森林的多功能利用发展趋势，城市林业也是发展方向之一。

1991年，第十届世界林业大会在法国巴黎召开，沈国舫作为代表团成员随时任林业部副部长徐有芳参加大会，还到法国诺曼底地区参观栎树大径材经营活动。会后，他撰文《森林的社会、文化和景观功能及巴黎的城市森林》，指出"在一个工业发达的社会中，城镇居民对游憩的需求已形成了一股巨大的压力，营建游憩林不是可办可不办的事情，而是非办不可的事情。"此时，他已深入思考森林游憩功能定位和游憩林建设等问题。

图 2-6　1985 年，沈国舫（左三）参加墨西哥第九届世界林业大会

## 二、为我国城市林业研究提供方向性指导

1992 年可以认为是我国城市林业快速发展的元年，国家《城市绿化条例》明确规定了城市规划区内种植和养护的树木花草。建设部组织"园林绿化城市"评比。同年，中国林学会和天津林学会共同组织召开首届城市林业学术研讨会，沈国舫总结发言，阐释了城市林业的名称、学科、目标、发展战略等，成为学界全面开始城市林业研究的重要开端。

关于城市林业的名称，沈国舫认为虽然城市森林、城市林业、都市林业、城郊林业、城乡绿化等各不相同，但城市林业更为适合，一方面便于对应国际上的通用术语urban forestry，又比城郊林业（suburban forestry）和都市林业（metropolitan forestry）意义更全面。而城市森林则是城市的树木及其他相关植被，是城市林业的经营对象。确定我国林业科学界研究城市林业的规范名称，对于研究方向的统一具有重要意义。

关于城市林业的学科地位，沈国舫明确提出，城市林业是我国林业的范围明确、特点突出的模块，是大林业向致力于改善城市环境方向的延伸，又是城市园林事业面向更大空间范围的扩展。城市林业的目标则是通过绿化、美化、净化来改善城市的生态环境，同时也要兼顾城乡经济发展需求。城市林业的实施范围应该是大中城市的全部管辖范围，包括市区和郊区，重点则在城乡交接带。

关于城市林业的目标和效益，沈国舫指出，城市林业的主要目标是通过绿化、美化、净化来改善城市生态环境，符合城乡经济发展要求，兼顾经济效益、公共社会效益、直接效益、间接效益等。他认为城市林业发展战略要因地制宜，各具特色；博采众长，创造发挥；立足现在，面向将来。

### 三、拓展森林游憩研究新领域

沈国舫指导研究生开展城市林业研究，如罗红艳研究北京市房山区的抗污染绿化树种选择。从城市林业的研究方向来看，沈国舫考虑到首都北京是国内发展较快的大城市，具有一定的物质基础，人们生活水平逐步提高，对旅游娱乐的需求也日益增加，并且具有较高消费水平，更多的人愿意走进自然，走进森林。因此，要提前在这个方面做好研究，他力主把森林游憩作为林学拓展的新的研究领域，并指导博士生陈鑫峰进行京西山区森林景观评价和风景游憩林营建研究，兼论太行山区的森林游憩业建设。对于这个选题，陈鑫峰起初有一定困惑和矛盾，当时国内外对风景游憩林的评价和经营研究尚不成熟，更难以成为游憩产业，加之森林游憩涉及面很广，还需要大量的美学艺术类的知识积累。沈国舫耐心分析了国内外发展前景，逐步激发了陈鑫峰的兴趣，并深入研究了森林游憩的概念、评价和建设等问题，提出森林游憩应是人们利用休闲时间，自由选择的、在森林环境中进行的、以恢复体力和获得愉悦感受为主要目的的所有活动的总和。这些理论和实践对我国森林游憩的研究和发展起到了推动作用。陈鑫峰毕业后入职国家林业局（现国家林业和草原局），主要从事森林旅游、森林公园建设与管理的工作。

# 第六节

# "以水定绿"——干旱半干旱地区造林的中国贡献

森林是自然生态系统的重要组成部分，森林功能定位也随着人类科学认知的不断深入而发生变化。经过长期的林业科学研究和生产实践，沈国舫对森林功能的理解也日趋深入完善，他以森林为本体，深入研究影响森林最重要的因子"水分"，运用整体观点、系统观点、辩证观点看待"森林"和"水分"的关系，阐明了我国华北石质山地一系列造林树种的水分生理特征和耐旱机理，并结合我国大面积属于干旱半干旱地区的实际情况，提出在绿化造林过程中，要"宜林则林、宜草则草"，甚至"宜荒则荒"，要尊重客观规律，政策落实不搞一刀切。

## 一、阐明华北石质山地造林树种水分生理特征及耐旱机理

水分是森林立地条件的重要因子，我国是大陆性季风气候，有自己的特点。欧洲大部分地区受到大西洋和地中海气候的影响，空气湿润，水分充足；苏联则因纬度较高，具有泰加森林的特殊地貌类型；而日本则是海洋岛屿气候。这些国家和地区并不把水分作为主要因子开展研究。反观我国，地形地貌复杂，气候多样，特别是干旱半干旱地区面积较大，在这样的地区造林营林，水分因子成为十分重要的因素。

沈国舫较早关注"林"和"水"的关系研究。以京西山区为代表的华北石质山区，是他长期观测的重要基地。20世纪80年代初，京西山区遭遇多年不遇的大旱，特大旱情使得西山种植的林木受到影响，生长停滞、就地枯死。他敏锐认识到，对树种的生态学习性仅仅停留在比较耐旱和耐旱的性质描述层面上是远远不够的。在我国这样面积较大的干旱与半干旱地区造林，如果不能摸清树种的水分生理特征，不能以评价指标的量化方式对树种的耐旱特性作出评判，盲目造林将对造林成活率、经济投入产出等产生巨大影响。

1984年，沈国舫带领学生李吉跃开始了树木抗旱机制研究，选择京西地区的油松、侧柏、栓皮栎、刺槐、元宝枫、白蜡、紫穗槐、沙棘等，采用在人工气候室内模拟大气干旱条件，或者在温室自然干燥条件下进行干旱处理。利用野外测定树木光合作用及叶片水势等指标的仪器设备，如GXH-201型红外线光合作用测定仪等，测定树种的水分生理特征，包括苗木水势与土壤水势关系、水分释放曲线、保水力等；测定苗木对干旱逆境的生理反应，包括蒸腾作用、气孔调节、光合作用、叶绿素a发光等，从而测定苗木在不同水量基础上的存活能力。

沈国舫提出用引起植物不能存活的水分逆境的临界值来表示植物的耐旱能力。基于两点考虑：首先，植物干旱能力的大小的直接表现是植物在干旱条件下的存活问题，这与农作物需要在干旱条件下收获产量的要求大不相同，在严重干旱条件下，树木的存活比收获具有更大的意义；其次，树木耐旱机理的指标确定是要考虑生产条件制约的，选用的指标需要既能够指示植物的耐旱能力的大小，也要指示出苗木复水的临界值，在生产中容易接受、便于测定的指标。所以不同树种的耐旱指标并不相同，但却具有较强的实际生产意义。

在此基础上，沈国舫指导学生张建国扩大树种的研究范围，更为深入地探讨树木水分生理机制，并制定了一套评价树种耐旱特性的评价指标。从理论到标准全面研究了树木耐旱特性，而后李吉跃和张建国把研究成果综合起来，写成专著《树木耐旱特性及其机理研究》，在国内产生广泛影响。沈国舫还指导学生研究森林耗水规律，带领马履一研究了华北落叶松人工林下及林外土壤水分变化的规律，揭示了季节性干旱的北京山地人工密林下的耗水规律。这些研究成果，为沈国舫全面深入认识"林"和"水"的关系，深度揭示"林"和"水"的辩证关系，奠定了坚实的理论基础。

## 二、站在宏观层面重新思考"林"和"水"的关系

20世纪末，担任中国工程院副院长的沈国舫，参与多项国家重大科技项目的论证研究，他站在宏观层面，立足中国的资源环境禀赋和发展现实，重新思考"林"和"水"的关系问题。1998年，长江特大洪水暴发，水资源问题受到社会各界的极大关注。在参与"中国可持续发展水资源战略研究"重大咨询项目时，沈国舫与国土、环境、水利等领域的多位专家深入交流研讨，突破林学的"门户之见"，没有只盯着森林，而是从不同

学科实际出发，重新审视了森林的水源涵养作用。

通过大量的实践调研和理论思考，沈国舫创新提出预留足够"生态水"的建议，引发了学术界对于"生态环境用水"的广泛深入研究。2001年9月，国家林业局、中国林业科学研究院共同主办"森林植被与水的科学问题论坛"，众多顶尖专家畅谈观点，达成共识。专家们指出："研究内容存在部门或行业的人为分割，常常忽略了水资源和森林植被资源的社会、经济、生态服务功能的整体性。水资源研究中较少注重坡面森林植被的水文作用，森林植被建设研究较少注重森林植被对大流域或区域的水文、水资源影响。"对"森林植被与水的相互关系"的基础理论研究的薄弱和滞后，已经影响了国家和部门的宏观决策，影响到植被恢复技术的选择。

## 三、"以水定绿"和干旱半干旱地区造林的主要观点

沈国舫先后撰写了《生态环境建设与水资源的保护和利用》《水、植被与生态环境》等理论文章，阐明了自己对于"森林"和"水"关系的基本观点。主要包括：水、植被（主要是森林）和生态环境这三者之间互相依存、互相制约；森林植被建设与水资源的保护和利用的关系，要以森林生态系统中的水分循环机理作为其基本理论依据。森林在维护其生命系统过程中需要消耗一定量的水分，减少地面径流，这属于一部分的生态用水。这样会对河川流量产生一定影响，在干旱、半干旱地区，森林减少产水的影响比较明显。森林在水资源保护和利用中具有涵养较多水分、调节河川径流、控制土壤侵蚀、减少河川泥沙、改善水质和流域水环境的功能。但上述功能需要森林有良好的密度和结构，特别要有良好的下木和地被层。森林、灌丛、草地三种植被的水文功能大小取决于其种类、结构及生长状况，各有适生地区，需要合理布局、优势互补。

由此可见，沈国舫本着科学客观的态度，客观地评价了森林植被的水源涵养和水土保持作用，指出了森林植被对于水资源的消耗作用。在此基础上，他对干旱和半干旱地区造林提出重要的观点：干旱和半干旱地区的造林应主要采用灌木树种。不能提到造林就认为是乔木，有一些灌木是很适应干旱生境的，典型的荒漠植被也大多是由一些旱生灌木（梭梭、沙拐枣等）为主组成。不少灌木具有较好的生态功能（防沙固沙）及生产效益（纤维、能源），值得推广。选用乔木作为干旱和半干旱地区的造林树种需要根据造林地实际情况而定。如干旱地区的河流河滩附近，

可以造乔木林或恢复乔木植被（如胡杨）；有的沙区内的沙丘洼地，地下水位较高处，也可以栽些乔木。干旱地区内有人工灌溉的绿洲，有重要的公路、铁路等交通设施，根据需要营造以乔木为主的农田防护林网及交通沿线绿化也是必要的。靠封育来恢复自然植被当然是一个良策，应大力推广，因为自然的植被是经过长期自然界的适应演化过程后形成的，其适应性、稳定性都很强。但不是所有地方都适于单纯依靠自然封育来恢复植被。有的地方这个过程拖得太长，有的地方恢复的自然植被可能在生态上和经济利用上并不理想，需要引用一些效果更好的树种来补充。当然要用科学精神办事，一切经过试验，但也不能拘泥于单纯依靠自然封育，更有效的应该是把自然封育和适当的人工栽培更好地结合起来。

## 四、"以水定绿"观点的重要影响

沈国舫长期研究植树造林，一直秉承科学态度，引导大众不能简单地认为造林就能引水，要认识到在一定特殊的地区，如干旱半干旱的

图 2-7 2017 年，沈国舫给
共青团中央机关干部做报告

地区，高大乔木反而有耗水作用。客观认识到森林的水源涵养有量的极限，面对超量暴雨，森林也无能为力；干旱地区要考虑改用灌木和草本植物建设植被，以减少水资源的消耗并保证植被本身的稳定性。这样尊重科学的观点，与同时期一些"专家"的"森林引水论""绿色沙漠论"等哗众取宠的做法相比，有天壤之别。从本质上看，沈国舫对于林水关系的认识，是其"人和自然和谐共存"思想在林业和水文领域的直接应用，他一直大力推进社会各界对水资源承载力的科学认识。2017年，他应共青团中央机关之邀做题为《中国生态文明主题下的生态保护修复和建设——兼论塞罕坝林场业绩的典范意义》的报告（图2-7）。在谈到塞罕坝林场造林的先进经验时指出，特殊的生态条件、适宜的造林技术是塞罕坝造林成功的重要前提，塞罕坝处于森林、草原和沙漠过渡地带，3种生态历史上互有进退，是全国造林条件最艰苦的地区之一，不处理好林水关系，很难出成果。

经过多年的努力，"以水定绿"的认识得到广泛接受，2021年国务院办公厅出台《关于科学绿化的指导意见》，明确指出"坚持因地制宜、适地适绿，充分考虑水资源承载能力，宜乔则乔、宜灌则灌、宜草则草，构建健康稳定的生态系统"的原则。在具体措施中要求"坚持以水而定、量水而行，宜绿则绿、宜荒则荒，科学恢复林草植被。"这一指导意见的出台是提高国土绿化质量和效益的重大举措，具有时代性、战略性和前瞻性，开启了国土绿化高质量发展的新纪元，也为世界林业事业贡献了中国方案。这其中也饱含着以沈国舫为代表的一代代林业科技工作者的无私付出和赓续贡献。

# 参考文献

北京林业大学造林教研组. 造林学[M]. 北京: 中国林业出版社, 1961: 197.

陈鑫峰, 沈国舫. 森林游憩的几个重要概念辨析[J]. 世界林业研究, 2000, 13(1): 69-76.

邓楠. 制定和实施十二项技术政策意义重大[J]. 中国科技论坛, 1988(4): 9-12.

董智勇. 世界林业发展道路[M]. 北京: 中国林业出版社, 1992 .

范建, 尹发权, 王建兰. 森林与水的关系: 问题在哪里 (上篇) [N]. 科技日报, 2001-09-07.

胡涌. "北京西山地区油松人工混交林的研究" 通过鉴定[J]. 北京林业大学学报, 1987(1): 94.

李霆. 苏联李森科院士提出的造林新方法: 丛状播种法[J]. 大众科学, 1950, 6: 170-175.

全国造林工作会议纪要[J]. 陕西林业科技, 1973(10): 1-7.

沈国舫, 富裕华, 陈义. 丛生油松穴内间伐问题的研究[J]. 林业科学, 1965, 10(4): 292-298.

沈国舫, 关玉秀, 周沛村, 等. 影响北京市西山地区油松人工林生长的立地因子[J]. 北京林学院学报, 1979(1) : 96-104.

沈国舫, 李吉跃, 武康生. 京西山区主要造林树种抗旱特性的研究 (Ⅰ) [C]//中国林学会. 中国林学会造林学会第二届学术讨论会造林论文集. 北京: 中国林业出版社, 1990: 3-12.

沈国舫, 翟明普. 混交林研究: 全国混交林与树种间关系学术讨论会文集[C]. 北京: 中国林业出版社, 1997.

沈国舫. 对发展我国速生丰产林有关问题的思考[J]. 世界林业研究, 1992, 5(4): 67-74.

沈国舫. 对世界造林发展新趋势的几点看法[J]. 世界林业研究, 1988, 1(1): 21-27.

石元春. 20世纪中国知名科学家学术成就概览: 农学卷(第4分册) [M]. 北京: 科学出版社, 2013: 263.

首届中国生态小康论坛8月22日实录(9) [EB/OL]. (2007-08-22) [2022-04-12]. http://finance. sina. com. cn/hy/20070822/17273907120.shtml.

孙侠凤. 簇播造林的树种相互关系[J]. 林业实用技术, 1962(5): 5-7.

特罗菲姆·李森科. 科学上关于生物种的新概念[J]. 米景九, 王在德, 译. 米丘林学会会刊, 1950, 1(3): 16-22.

徐化成. 油松[M]. 北京: 中国林业出版社, 1993: 306.

徐燕千. 造林的历史和现状: 必须重视研究混交林的营造[J]. 广西林业科技资料, 1978, (4): 34.

熊大桐. 中国林业科学技术史[M]. 北京: 中国林业出版社, 1995: 311.

张淑华. 米丘林学说在中国的传播 (1933—1964) [D]. 合肥: 中国科学技术大学, 2012: 118.

中国科学技术协会. 中国科学技术专家传略: 农学编 (林业卷2) [M]. 北京: 中国农业出版社, 1999: 438-447.

中国林学会, 全国绿化委员会办公室. 城市林业: 1992首届城市林业学术研讨会文集[C]. 北京: 中国林业出版社, 1993: 1-2.

中国林业科学研究院林研所造林研究室, 北京市农林局西山造林所. 研究报告 1959/1960年营林部分: 油松造林技术的调查研究[Z]. 北京: [出版者不详], 1959.

中华人民共和国林业部造林设计局. 立地条件类型表及设计造林类型: 造林设计资料汇编 (第2辑) [M]. 北京: 中国林业出版社, 1958: 17-25.

第三章

# 建言，心系林草事业的发展道路

图 3-1 沈国舫在第五届中国林业学术大会上做报告

　　沈国舫长期从事林草行业的科学研究和政策建议咨询，是新时期我国林草事业的建立者、推动者和见证者。在宏观理论构建层面，他站在国土安全的高度，提出全过程森林培育观点，有力推动了具有中国特色的国土绿化工作；20世纪末，他提出现代高效持续林业理论，完整阐释了森林可持续发展，为我国进入21世纪的林业发展决策提供了重要理论支撑。沈国舫高度重视我国林业重大工程建设，在天然林资源保护工程、退耕还林还草工程、首都北京城市绿化等方面都作出了卓越贡献（图3-1）。

# 第一节

# 基于全过程森林培育的科学绿化观点

《关于科学绿化的指导意见》于2021年出台，这是我国在总结70多年植树造林、绿化祖国取得的成绩和长期积累经验的基础上，形成的国土绿化指导性意见。作为国家林业和草原局战略委员会的顾问专家，在文件制定之初，沈国舫提出了重要的意见和建议；在执行过程中，他提出要基于全过程森林培育开展科学绿化观点，指导开展相关工作。

## 一、关注科学绿化70年

沈国舫对科学绿化的系统认识是建立在70多年森林培育理论研究成果上的，建立于遍布40多个国家（和地区）和我国30余个省（自治区、直辖市）的调研基础上的，充分反映了他的国家生态安全观、系统认识观和科学政策观。

### （一）国土绿化是关乎国家生态安全的重要工程

纵观沈国舫主持和参加的大大小小各类国家级和省部级的科研或咨询项目，国家生态安全一直是他思考生态、环境和林业问题的重要基点。他注重从森林以及与森林相关的生态因子和环境因子出发综合考量国土生态安全，对多种因素整体分析、综合判断。1987年大兴安岭特大森林火灾之后，沈国舫作为国务院大兴安岭灾区恢复生产重建家园领导小组专家组的副组长，执笔撰写了《关于大兴安岭北部特大火灾后恢复森林资源和生态环境的考察报告》，综合专家组意见，对此次火灾造成的大兴安岭北部林区的生态环境影响作出"局部性"判断，且指出："不会对邻近的林区、草原区（如呼伦贝尔草原）及农业区（如松嫩平原）有显著的影响，当然更不会对遥远地区产生影响。"在报告中，他还对保持和发展大兴安岭林区的生产潜力和多种生态效益提出了建设生态定位站、建立良种繁育基地、建立样板试验区和开展林火研究等建议。在研究太行山绿化工程相关问题时，沈国舫指出："绿化太行山无疑将在改善山区的生态环境、生产环境以及提高人民的生活水平方面起到直接的作用。同时还必须看到，治理太行山对于京津两市在内的华北平原会起到重要的安全保障、调节水源等作用。"针对西部大开发中的生态环境建设问题，他一针见血地指出："森林锐减、草地退化、水土流失加剧、荒漠化趋势严重等成为西部大开发的主要障碍。威胁着可持续发展的前景，也对处于下游、下风方向的东中部地区产生不良的影响。""由于西部地区生态环境的严酷、脆弱，林草植被建设也是主要的难点所在。"2014年，沈国舫和其他7位院士共同联名上书中央，提议建立国家储备林示范基地，这也是出于生态安全和木材安全的考虑。2018年开始，他支持以国家公园为主体的自然保护地体系建设，也是从提升生态系统质量和稳定性、稳固生态安全屏障、增强优质生态产品供给能力的考虑出发。沈国舫坚持一定要将国土生态安全的主动权牢牢掌握在自己手里，他给《国土绿化》杂志创刊20周年撰写了祝贺纪念文章，题目就是《国土绿化关乎国家生态安全》，可见他对国家生态安全的重视程度。

### （二）把森林作为复杂生态系统的重要因素来研究

20世纪80年代，沈国舫综合国际林业发展形势，指出"世界造林是从单纯搞用材林向多林种综合经营的方向发展"，我国也需要尽快从单一研究森林走出来，从更大尺度上去关注森林发展，这也是他提出现代高效持续林业理论的一个发端。1992年6月，联合国环境与发展大会通过了《关于森林问题的原则声明》，声明着重提出"森林资源和林地应以可持续方式经营，以满足这一代人和子孙后代在社会、经济、生态、文化和精神方面的需要"。沈国舫认为，联合国的声明极大地发展和超过了传统林业中仅以求得森林生长量和采伐量相平衡的永续利用的原则，涉及森林生态系统全部功能的维持和发展。

在此基础上，沈国舫结合我国实际，于1998年提出现代高效持续林业理论，从复杂生态系统的层面重新审视森林发展。他指出："提高全国森林的生产力水平，提高我国整体的营林水平，是涉及面非常广的大问题，既有科技问题，又有管理问题，还有政策导向问题。"进入21世纪，他坚持以系统观点看待林业发展，关注林水关系，注重森林在生态保护与建设方面的功能定位有了更深一层的认识。他指出："在一切生态建设的行动中，植被建设应该处于中心地位。植被能缓冲地表受外应力冲击，防风固沙，涵养水源，保持水土，改良土壤。植被还是一切陆地生物种群（动物、微生物）的生息地和避难所。只有保育建设好植被，才能使生态系统中各个组分更好地协调起来，良性运转。"这些都为科学绿化观点的提出奠定了理论基础，统一了思想认识。

### （三）从宏观战略决策层面审视国土绿化

沈国舫曾任中国工程院副院长、中国环境与发展国际合作委员会中方首席顾问，长期直接参与生态环境和林业领域的中国最高级别的政策咨询建议。他深知对于科学绿化这一涉及政府宏观决策、科学技术应用、老百姓民生福祉、具体工程实施等纷繁复杂领域的政策制定，从文件出台到执行落实需要经历复杂的验证和论证过程，需要综合考虑各方面、各环节的多种因素。他曾直言不讳地指出我国造林的问题，如：有些地方造林成活率不高，有造林不见林的现象产生；有些人工林生长不良，未老先衰（所谓小老树），功能低下；有些人工林低产低质低效，不能满足国家的需要和群众的需求；许多地方的草地退化，草原（地）的修复也达不到要求；等等。在"十三五"规划征求意见过程中，他对推动国家绿色转型提出建议：要把提高环境治理能力作为突破口，做到以改善环境质量为核心，重构科学有效的环境管理制度体系；加快资源环境行政体制改革的步伐，使之与生态文明建设任务相匹配；提升各级环境管理部门政策的执行能力，特别是强化环境监测监管能力；提升环境管理的信息化能力；提升市场绿色创新和内化环境外部性的能力；培育社会组织和公众参与环境保护的能力以及提高绿色科技创新研发和应用能力。在提出科学绿化观点中，也包含了对规划、标准和技术方面的整体设计，这远远超过了传统科学意义上对绿化概念的理解，已经上升到了宏观决策和战略层面。

## 二、科学绿化的概念、标准和技术体系

沈国舫以科学造林为基础，拓展了科学绿化的内涵。一方面，从绿化主体上来看，"林"不只局限为树木，拓展为林、草、湿（地）共同绿化；另一方面，从绿化阶段上要把造林阶段向前延伸到规划准备阶段，向后延伸到抚育管理和收获利用阶段，即全生命周期（森林培育周期）的绿化。全生命周期绿化的观点，要求关注育林周期全过程，即规划设计—造林（种草）施工—生长发育期的抚育管理—成熟衰退期的利用和处置，完整关注了森林的发生（形成）、发展（生长发育）、成熟衰退的自然全程。

以林业为例，科学绿化应包括以下6个方面的标准：①较高的成活率和保存率（至少>80%）；②适地适树（种源、类型、品种）——分林种

评价指标；③较为合理的林分结构（适当的密度、完整的层次、适度的混交）——形成科学美观的林相；④较高的生产力水平（不低于立地潜在生产力水平的70%）；⑤按造林目的（林种）要求的功能发挥（按各林种的要求指标）；⑥森林生态系统服务功能的综合评价。这一项标准较为复杂，还需要深入研究。

科学绿化的科技支撑体系应有3个层次，即自然科学及其应用技术、社会科学的规律要求、符合自然科学规律与社会科学规律相结合的生态系统协调综合可持续经营（图3-2）。

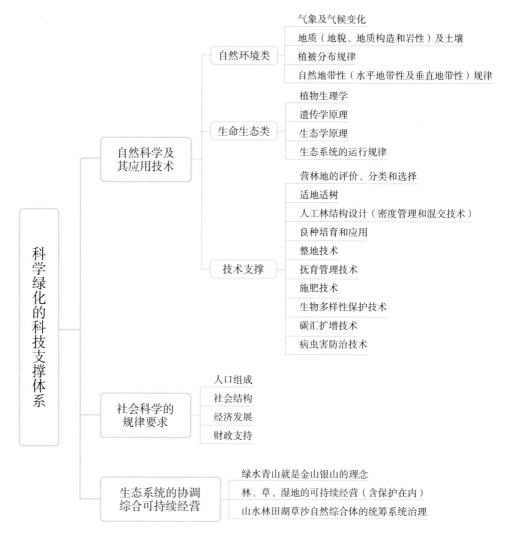

图 3-2 科学绿化的科技支撑体系

### 三、科学绿化的阶段安排

沈国舫在我国林业界首次提出基于"全过程森林培育"的"科学绿化"观点，他把绿化过程分为规划阶段、绿化施工阶段、全周期育苗及抚育管理阶段、森林产品高效收获阶段。

规划阶段是绿化的初始阶段，要求对国土规划、立地因子、树种选择等方面进行全方位的专业分析和设计。这一阶段需在国家和省一级国土空间规划的基础上，对区域、流域或者山系等地理单元进行规划配套，包括退耕还林还草、城镇绿化、乡村绿化、水土保持、防沙治沙、防护林营造、各类公园建设等。他认为规划是科学绿化的第一道门槛，极其严肃重要。要以法律法规为依据做好规划，不可任意更改，需要严格按标准贯彻执行；要抓好规划的统筹性，国土绿化规划包括国土、生态、环保、水利、农业、林草、市政，有时还包括海洋等部门，复杂性很高，要避免制定过程中一家独大、不通气、不协同等问题；要加强规划的规范性，不能因为项目的机遇上马而精简规划流程，不能压缩可行性研究的规范流程和调研范围，要注重广泛听取群众意见，坚持走好群众路线；要牢记规划的长期性，规划"一贴了之""墙上挂挂"的作风必须严肃杜绝，各届班子要谋定方向、坚持不懈抓好规划的制定与实施。

绿化施工阶段是科学绿化的关键环节。沈国舫认为，要抓住适当整地、良种壮苗选择、认真实施种植和幼树抚育管理等工作。绿化用地的安排比较重要，除了明确绿化用地与自然保护用地、基本农田用地及城乡建设用地的关系外，要注重绿化用地的自然适应性，必须贯彻人与自然共生的理念；必须遵循自然地带性的规律；宜林则林，宜草则草，宜湿则湿，宜荒则荒（指荒漠、石漠及寒漠）；不该造林的地点，坚决不造林；按照规范流程进行适当整地。选择良种壮苗，按照满足预定的目的性和适地适树两个基本原则开展，针对不同的树种或树种组合应提出不同的树种（草种）要求及其达到科学绿化的指标体系。多用乡土树种，同时可以搭配完成"驯化"的外来物种。在森林经营环节，要按照营林规范操作，现行的规范是几十年的理论探索和实践总结而成的，是符合我国实际土地土壤特征的，如基于农业"八字宪法"的6项造林基本措施依然有效，但需要在新的规律和经验认知的基础上予以新的诠释和展开。

全周期的育林过程是保证森林高产高质高效的重要一环。沈国舫认为，育林营林需要在一定原则范围内，综合立地条件、气候、经济和树木等情况，采取合理方式方法。育林营林不是机械的抄书本，需要辩证地掌握营林尺度，遇到产量与质量产生矛盾时，需要科学合理决策。一般来讲，树木成熟需要较长时间，是包括森林的发生（形成）、发展（生长发育）、成熟衰退的自然过程，在不同阶段需要采取不同应对措施，总体目标是要保证树木质量、产量和效能的综合效益最大化，且能够稳定持续。

森林产品的高效收获是保证科学绿化可持续的主要途径。虽然绿化工作具有很强的公益特征，衡量绿化效能的重要指标是对生态环境质量提升的贡献度，但是曾作为国家重要能源供给、至今还承担着资源支撑作用的木材产品，仍是需要得到重视的。特别在碳达峰、碳中和的背景下，木材及木（纸）产品是个巨大的碳库，发挥木材可再生、可降解和低能耗的功效，是新时代我国积极应对新挑战的主要对策之一。

## 四、全过程森林培育的重要意义

基于全过程森林培育的科学绿化观点是在我国社会经济发展到一定程度、资源进行一定积累、科技水平达到一定层次时提出的，具有战略前瞻性、科学合理性和实践指导性等特征。

（一）"人与自然和谐共存"理念的实践

森林培育是研究人为因素对树木栽培作用的学科。沈国舫指出："森林培育学在本质上是一门栽培学科，与作物栽培学、果树栽培学、花卉栽培学等处于同等地位。"虽然人为因素对于树木栽培十分重要，但也需要尊重自然力。要"科学认识自然，尊重自然规律，不要再做那些可能引起大自然惩罚的蠢事。""要在自然生态系统可以调节的弹性范围内来控制开发行为，要注意做修复自然生态的工作。"基于全过程森林培育的科学绿化观点是"人与自然和谐共存"理念的实践，是以人为主体的本位主义思考方式转变为以森林代表的自然为主体的思考方式的具体体现，不单纯以人为活动、机构划分为绿化主要依据，取而代之的是对森林本身的建造、修复和收获的合理性认识。

（二）宏观统筹看待森林问题的有益尝试

沈国舫从宏观层面统筹思考森林问题，是值得林业政策制定者、林业行业管理者和林业科研工作者学习借鉴的。一方面，他认为绿化主体需要进一步拓展，从树木森林扩展为"林草湿"，不仅整合了"林草"资源，更把"地球之肾"的"湿地"纳入进来，促使科学绿化与国家公园体系建设有效衔接；另一方面，他一直强调的"林业是生态、经济和社会三大效益交织在一起，互为支持的"正逐步为国家主管部门制定意见建议时所采纳。在科学绿化指导意见中，"合理安排绿化用地"这项涉及多个部门整体联动工作，分列了自然资源部（国家林业和草原局）、住房和城乡建设部、交通运输部、水利部、农业农村部、中国国家铁路集团有限公司等部委按职责分工负责。

（三）正确认识"伐木"也是绿化组成部分

沈国舫认为，林木收获阶段也是科学绿化的组成部分，即绿化的终点不是完成植树造林形成林子，而要完成木材的使用加工、森林产品的利用。这实现了"伐木"与"植树"的辩证统一，让科学绿化完整涵盖了森林生老病死的全生命周期。长期以来，沈国舫十分关注"禁伐"的实施，禁伐应该是禁止乱砍滥伐，而不是一棵树都不能动。"关于部分天然林的禁伐问题，现在社会上有一些误解，以为禁伐就是一棵树都不能砍，这是不确切的。禁伐主要指的是禁止主伐利用，但为了更好地培育保护天然林，需要时可以采用抚育伐、卫生伐、拯救伐等作业方式，以使天然林能处于健康生长、结构合理、综合高效的优良状态。"他分析了其中的原因，"一些单位存在单纯保护的倾向，没有明确通过森林培育，提高森林质量和森林生产力的重点要求，由于害怕伐木失控，因而严格限制抚育采伐、林分改造及卫生伐的科学施行，使得抚育伐失去应有效能。"2022年3月，年近90的沈国舫在《中国科学报》上发表文章《伐木本无过，森林可持续经营更有功》，以科普的形式，进一步阐释了伐木是森林可持续经营的一种重要方式，引起了社会各界的广泛关注。

# 第二节

# 现代高效持续是21世纪林业发展方向

　　20世纪末，经过50年建设发展的新中国林业虽然取得了显著成绩，但由于基础薄弱，认识局限，面对人口激增、资源匮乏和需求增加的多重压力，林业建设问题逐步暴露，有决策不够严谨科学的失误，也有天灾人祸带来的惨痛教训。从理论角度出发，林业宏观理论的缺陷造成了我国林业规划缺少科学性、前瞻性。曾有学者指出，我国林业理论的落后，表现在至今（1999年）仍然基本没有超出一个半世纪以前由欧洲人根据当时的经济与社会背景提出的森林经营理论；没有一个与经济学、社会学相结合的完整的林业行业理论体系；没有出现一门针对森林主体资源的资源经济学、环境经济学或生态经济学等成熟的学科。进入21世纪，林业何去何从，路在何方？沈国舫集百家所长，结合我国林业实际和自己对林业的深刻认识与系统思考，提出了现代高效持续林业理论，成为21世纪中国走可持续林业发展道路的重要理论支撑。

## 一、现代高效持续林业理论的内涵

　　理解沈国舫提出的"现代高效持续林业理论"，要深刻认识"持续""高效"与"现代"这3个关键词。

　　（一）"持续"即可持续发展原则

　　这是该理论的核心原则。可持续林业是在对人类有意义的时空尺度上，不产生空间和时间上的外部不经济性的林业；或者在特定区域内不危害或者削弱当代人和后代人对森林生态系统及其产品和服务需求的林业。林业可持续性包括4个部分：森林资源可持续性，如生物资源的可持续性、天然林保护、森林营造、次生林经营；森林物产的可持续性，如木材培育、经济林产业、能源林产业；森林环境产出的可持续性，如生态工程建设；森林社会功能的可持续性，如生态游憩、森林保健、森林文化、城市森林、净化环境等。

沈国舫全面思考全球经济一体带来的形势挑战，反思人类过度向自然资源索取而造成环境恶化的惨痛教训，以森林这一古老与现代相结合、物质与精神相统一的认识本体为出发点，重新解构了林业问题的根本属性，认为林业问题是涉及人口、资源、环境三方格局的综合复杂问题，林业属性包括资源属性、生态（环境）属性和产业属性，应构建起可持续发展林业的社会、经济、技术保障体系，以及满足中国社会需要并可与中国经济、社会发展时空特征相适应的、可持续经营的资源、环境和产业基础。三者的关系则为：森林资源是基础，生态环境建设是重点，林业产业是保障。他还设计了中国林业可持续发展的战略方针，对应资源属性——保护现有森林、扩建新的森林资源和全面提高森林质量与生产力相结合；对应产业属性——兼顾森林的生态、经济、社会三大效益的原则下实现森林的分类经营；对应生态（环境）属性——通过对森林生态系统的综合经营，将森林与农、牧、水、交通、电等各行业合理配置。

（二）"高效"体现经济性原则

发展是硬道理，作为世界上最大的发展中国家，森林资源长期在我国国民经济发展中占有一席之地，要保证森林资源与社会需求相适应，森林资源的高效利用是必由之路。沈国舫从"量"和"质"两个方面阐释这个问题，即保护原有森林总量不减少，扩建新的森林，提升森林数量和覆盖率，全面提高森林生产力以提升森林质量，从而形成保护、扩展、提高三结合的模式。对于森林资源的使用，他主张一部分森林作为自然体系保存，如一些原始森林的保护，自然保护区核心区内的森林保存，等等，这是底线要求；一部分森林在充分利用自然力的基础上依靠自然的规律经营好，如合理利用森林的自然资源禀赋，发挥生态效能为民所用；一部分森林则需要应用高新技术采用集约方式培育经营以追求高效益产出。通过3个部分的合理配置达到高效能的效果。

（三）"现代"体现时代性原则

沈国舫认为林业发展历史应分为3个时期，包括农耕前及农业时代（古代）的原始林业、工业化时代（近代）的传统林业以及后工业时代的现代林业。我国林业在古代留下了灿烂的历史文明，包括蚕桑业、茶业、果业、花卉园林业等，积累了丰富的经验，很多领域处于世界的领先地位。但由于近代中国的落后，我国近代林业的开端和发展比较缓慢，沈国舫认为近代林业大致上只能从民国算起，一直延续到20世纪末，现在（1998年）还只处在向现代林业的过渡阶段。近代林业以木材生产的大发展作为主要标志，而对于现代林业的开始时间和主要标志，他并不认同一般的观点，即现代林业以进入20世纪起计，以森林培育、采伐以及产品加工达到较为发达的工业化状态作为标志；而是主张现代林业的发展时期应从第二次世界大战之后算起，其标志是工业化时期向后工业时期的过渡中，以信息化的发展促成全球经济一体化以及人口和社会的发展对全球环境产生了巨大破坏性影响的背景下，林业从以生产木材为主体的产业转化为森林的多功能利用，并把森林的环境功能放在主导地位上来考虑的产业和事业。这一思考成果是结合我国作为世界上最大的发展中国家的现实国情和长期从事林业生产一线总结凝练的林情，通过多方理论的对比和综合得出的。

## 二、指导方针和具体对策

沈国舫提出3条指导方针：一是保护、扩展、提高三结合，即保护现有森林，扩建新的森林和全面提高森林生产力相结合，为尽可能增加森林覆盖和实现森林的高产、优质、高效打下基础；二是实施森林的分类经营，把封禁性经营的护存林业、自然化经营的多用途林业、自然与人文相结合经营的游憩林业和集约化培育的商品林业结合起来，统筹兼顾森林的生态、经济和社会效益；三是多林种的合理配置和森林的多功能综合经营相结合，在主导分工的定向基础上，通过对森林生态系统的综合经营，对森林资源实行全方位的培育、保护和开发利用，并把它与农、牧、水、交通、电等各行各业合理配置，恰如其分地纳入区域综合治理中。

同时，综合实施六大对策：一是天然林保护工程与我国原来设置的各类自然保护区的经营保护相结合，形成保护我国天然林的巨大网络，无疑将对扭转我国生态环境的恶化趋势、充分发挥森林的水源涵养和水土保持等防护作用、维持森林作为生物多样性宝库的作用、保护森林的历史文化和美景游憩价值等都起到不可替代的关键作用；二是大面积造林育林和林业生态工程建设，把历史上有过森林，现在自然条件允许森林生长，或者已经破坏沦为荒山的土地恢复森林植被，需要开展多项林业生态工程，沈国舫根据我国经济、农业、粮食生产等多种情况，综合得出全国恢复森林植被的高限只能限定为25%左右；三是提高森林的质量和生产力水平，我国社会经济发展和人口数量的增多，对森林的物产和环境社会服务功能提出更高的要求，由于森林面积受到限制，就需要提高单位面积森林要担负的功能效益指标；四是商品林的建设和产业建设，对我国而言，木材及

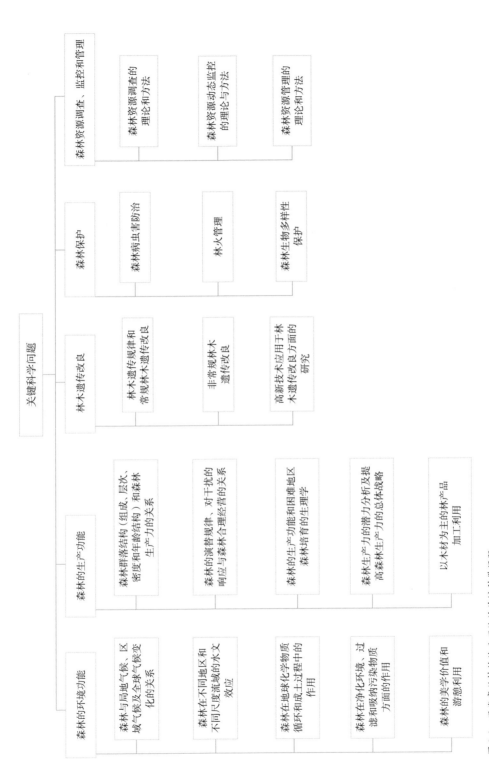

图 3-3 现代高效持续林业理论的关键科学问题

关键科学问题
├─ 森林的环境功能
│  ├─ 森林与局地气候、区域气候及全球气候变化的关系
│  ├─ 森林在不同地区和不同尺度流域的水文效应
│  ├─ 森林在地球化学物质循环和成土过程中的作用
│  ├─ 森林在净化环境、过滤和吸纳污染物质方面的作用
│  └─ 森林的美学价值和游憩利用
├─ 森林的生产功能
│  ├─ 森林群落结构（组成、层次、密度和年龄结构）和森林生产力的关系
│  ├─ 森林的演替规律、对干扰的响应与森林合理经营的关系
│  ├─ 森林的生产功能和困难地区森林培育的生理学
│  ├─ 森林生产力的潜力分析及提高森林生产力的总体战略
│  └─ 以木材为主的林产品加工利用
├─ 林木遗传改良
│  ├─ 林木遗传规律和常规林木遗传改良
│  ├─ 非常规林木遗传改良
│  └─ 高新技术应用于林木遗传改良方面的研究
├─ 森林保护
│  ├─ 森林病虫害防治
│  ├─ 林火管理
│  └─ 森林生物多样性保护
└─ 森林资源调查、监控和管理
   ├─ 森林资源调查的理论和方法
   ├─ 森林资源动态监测的理论与方法
   └─ 森林资源管理的理论和方法

其制品不能完全依靠进口，需要一定量的自我供应，而商品林建设与林产业发展密不可分，可持续林业的发展需要建设节约资源、环境优先、优质高效的林业产业；五是科教兴林，把现代林业发展成为知识密集型的产业和事业，发展可持续林业，提高森林的生产力水平和综合效益，在流域和区域尺度上合理布局，推动其相关行业协调发展，需要林业与信息技术、生物技术、生态科学和材料科学等现代高新科技协同推进；六是继续加强立法，严格依法治林，做好广大人民群众的法治宣传教育，培养一支素质高、业务精、能力强的森林执法队伍。

沈国舫围绕森林在环境功能、生产功能、林木遗传改良、森林保护、森林资源调查、监控和管理等方面提出了一系列关键问题（图3-3）。这些问题现在看来，仍然具有重要的指导作用。

### 三、与同时期林业理论的比较

世纪之交开始的我国现代林业发展之路大反思，是我国林业发展到一定历史阶段的必然。纵观世界林业发展史和人类其他科研与产业领域的进化历程，可以清晰看出，林业作为一个复杂行业，具有科学性、实践性、产业性、社会性、长期性等特征，林业的发展过程，贯穿着实践到理论再到实践的特征。

从新中国成立到20世纪末的50余年，我国林业经历了新中国成立初期的造林绿化，长期木材资源供应，生态环境恶化后的对森林资源的再认识几个阶段。站在世纪之交，国外出现了一些新的林业思想，如美国的"新林业"思想以及其后的"森林生态系统经营"思想；中欧的"近自然林业"思想；德国的"森林多功能利用"思想，都深刻影响着我国林业宏观理论的研究。同时期，我国也出现了"生态林业论""林业分工论""现代高效持续林业"等理论。

"生态林业论"的提出与"生态农业"有一定的关联，活跃在我国20世纪的80年代末至90年代初，其基本认识是生态与经济协调发展的林业，要求用生态经济学理论来指导，依据森林生态系统的规律来经营森林。沈国舫认为这一类思潮可以视为环境问题日益突出的当代对以工业化的手段单纯追求短期经济效益的林业经营状况的逆反，并指出了其在理论原则、范畴和内涵界定上的一定缺陷。在实践中，他认为"生态林业论"难以解决的问题是，改善生态环境的同时保证庞大的木材及其他林产品和各种服务的需求。生态林业论的观点在我国之后的一系列林业工程中有一定的融入，如我国十大林业生态工程建设项目等，同时值得肯定的是生态林业论对于林业行业应是生态与经济协调发展的认识，只是缺乏切实可行的实践措施。

"林业分工论"是由我国林业部雍文涛老部长为首的一批专家提出的，形成了一套"两论一化（林业分工论、木材培育论、产业结构合理化）"为内容的林业经营理论，把林业分为了"商品林业""公益林业""多功能林业"等。沈国舫指出林业分工论非我国专利，如在新西兰已经有了典型实践，其理论是在我国以木材供需为重点加以研究的，其理论基点是通过专业化的分工来满足现代林业需求，其隐形条件仍是对木材资源属性的需求高于生态环境属性。

"生态林业论"与"林业分工论"都是从森林主体属性出发，是以"森林"为基本视角来探寻"林业"与其他行业的关系以及"林业"自身发展的路径选择。相比较而言，"现代高效持续林业"则从全球人口、环境与发展格局的视角去思考林业问题，把林业当作人口－资源－环境格局中的一个重要组成部分思考，兼顾林业与其他行业的关系；在经济文化层面也把林业问题视为超越市场利益局限的全社会长远利益行为，在格局上超出上述两种理论。在实现路径上，"现代高效持续林业"试图在"生态"和"经济"两者中找到林业发展的主要出路，可视为是两种理论的兼容并收，但实践对策更为灵活多样，注重对实际问题的解决，使得理论更具生命力。

# 第三节
## 系统认识林草关系

在长期的林业科学研究和政策咨询中，沈国舫高度重视"草"的建设和发展。早在1984年他参与绿化太行山的考察时，就阐释过造林和育草的关系。在之后的黄土高原考察、东北水资源咨询中，他都对草给予了特别关注，还专门撰文阐释西北地区退耕还林还草的选向问题。

2013年11月9日，习近平总书记在《中共中央关于全面深化改革若干重大问题的决定》的说明中，提出了"山水林田湖生命共同体"这一治国理政方针。沈国舫高度重视这一提法，进行深入研究。在2017年中央财经委员会办公室征求党的十九大报告意见时，他提出把"草"加入"山水林田湖"系统治理中。这个建议得到中央采纳，最终写进了党的十九大报告，丰富了新时代中国特色社会主义思想的理论内涵。

### 一、"草"和"林"同等重要

留苏时期，沈国舫就和"草"有了亲密接触，大学期间他独自前往乌克兰顿涅茨克矿区的大阿那道尔森林经营所研究苏联草原区造林模式，还翻译了克拉依聂夫著的《大阿那道尔百年草原造林经验》，于1957年9月出版（图3-4）。回国后，在华北石质山地造林研究的基础上，他深入研究西北黄土高原植被情况等。之后的数十年，他的研究领域也从森林逐步扩展到乔灌草等生态综合领域，形成了关于草的主要观点。

#### （一）高度重视我国草业和草原的发展

沈国舫不仅在森林培育学方面投入大量精力，同时也关注草的建设，提出了"宜林则林、宜草则草"的生态观点。20世纪的80—90年代，他在加速绿化太行山的建议中提出要摆正"造林和育草的关系"的绿化原则，"林和草是太行山植被建设的两大门类，林（包括乔木和灌木）和草的合理搭配可以显著改善太行山的生态环境，发挥太行山的生产潜力。"在西

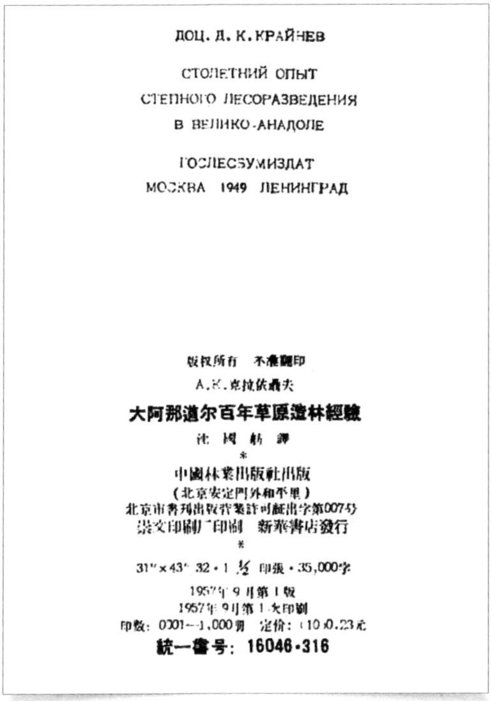

ДОЦ. Д. К. КРАЙНЕВ

СТОЛЕТНИЙ ОПЫТ
СТЕПНОГО ЛЕСОРАЗВЕДЕНИЯ
В ВЕЛИКО-АНАДОЛЕ

ГОСЛЕСБУМИЗДАТ
МОСКВА 1949 ЛЕНИНГРАД

版权所有　不准翻印
А.К. 克拉依聶夫
**大阿那道尔百年草原造林經驗**
沈　国　舫　譯
＊
中國林業出版社出版
（北京安定門外和平里）
北京市書刊出版業許可証出字第0075号
景文印刷厂印刷　新華書店發行
＊
31″×43′ 32·1½ 印張·35,000字
1957年9月第1版
1957年9月第1次印刷
印数: 0001—1,000册　定价: (10)0.23元

統一書号: 16046·316

图3-4　沈国舫翻译的
《大阿那道尔百年草
原造林经验》

部大开发生态环境问题的建议中，他提出"多样措施，林草为本""在众
多措施中，林草植被建设，包括天然森林和草原植被的保护、恢复，造林
种草以及林草植被的培育管理等，是治本之策。"在退耕还林还草的选向
问题上，他不拘泥"林"和"草"类别之分，而是从实际出发，认真分析
森林（包括乔木和灌木）与草地（包括旱生草原和湿生草甸）的生态功
能，提出"还林还是还草，要根据当地的自然条件、社会需求和适应的植
被类型作出具体分析。"

　　沈国舫积极为退耕还草发声，在2002年西北水资源生态环境考察
中，他特意带队赴陕西、宁夏考察了当地的退耕还林情况，发现退耕之
后的林草及林种比例问题，针对黄土高原，他指出"在延安以西以北的
半干旱地区，自然原生植被就是以灌草为主，少量森林只能存在于河川
两岸（现均为农耕地）及阴坡凹地。这个地区应还林还草并重，（还草
比例）局限在20%以下（按经济林草对待）是不行的。"在"黄土高原
生态环境建设与农业可持续发展战略研究"咨询项目的综合报告中，他

提出"把对天然植被保护封育放在与退耕还林还草同等重要位置",建议对黄土高原天然林草植被保护封育和补播补植。

（二）林草植被综合治理

沈国舫认为"草"的建设是植被建设的重要一环，"植被建设包括森林、灌丛、草原、荒漠及湿地植被等各种类型的植被建设。这些植被大多呈地带性分布，受气候地带性的制约。在我国温带区域内，大致上由东南向西北，逐步有湿润—半湿润—半干旱—干旱—极干旱的区带出现。相应的也有森林—森林草原—典型草原—荒漠草原—荒漠的植被带分布，湿地则具有一定的非地带性特征。我们进行植被建设要尊重这个自然分布规律，不要做违背自然规律的事。"他提出林草要综合治理，即"各就其位，各得其所；适当地方，植树护草；林牧结合，林供饲用"，有效实现林草互学、林草互通。在治理方面，要做到调查、规划、保护、培育、经营、防灾和监控一体化，综合治理一盘棋，协同管理一家情。在考察东北水资源项目时，他指出当地的沙地治理，过分重视乔木，对灌木和草本植物重视不够，提出要实施农林草牧一体化经营，兼顾生态与经济效益。草原牧（沙）区要以发展灌草为主，农林牧水综合治理。对于三北防护林工程，2007年，沈国舫出席首届中国生态小康论坛指出，这是片、带、网结合和乔、灌、草结合的巨大植被建设工程，过去三北防护林工程搞树多了，而搞草少了，不能完全适应地带性植被建设的要求。他建议："林业部门要与草原建设部门更好地协调起来，把三北地区的植被建设搞得更好，为三北地区人民进入全面小康打下良好的生态基础。"多年之后，国家林业和草原局的成立，实现了他当初的政策建议。

（三）充分重视和利用"草"的生态功能

在沈国舫主持和参与众多涉及生态环境咨询项目中，他非常重视发挥"草"的生态功能，他指出"草地体量较小、层次结构比较单一，一般来说它的生态功能不如森林，但生长密集茂盛的草地也有很好的生态功能。旱生草原的耗水量较森林少，比较适应更干旱的地理环境。"沈国舫是我国较早参与碳汇研究的学者，他注重草原碳汇功能的发挥，认为"我国现有天然草地约4亿hm²，估计碳储量为562.6亿t，恢复草原是增汇的重要途径之一。"他建议："要建立草业系统碳汇增加的草地农业系统分区模式，加强放牧草地管理，加大优质栽培种植，降低舍饲肥育系统的温室气体排放，调整家畜生产结构，降低单位畜产品碳排放，改善国民食物结构，参与利用清洁发展机制等碳汇行动，重视草原灾害监测与预警。"

## 二、系统认识自然生态各组成要素

"山水林田湖生命共同体"一经提出，沈国舫就高度重视，他阐释了其中的重要意义。这一提法强调了大自然的几个重要组分之间的互相依赖、互相影响的紧密关系，不仅体现了生态科学中生态系统的物质循环、能量流动、生长发育演替过程中竞争互存等系统科学观点，更扩展到了景观和区域层次。"山水林田湖"是区域层次生态系统的主要组分。"山水"代表了客观自然体，"水"又特指从湿地、河流、湖泊到海洋的各种与水有关的生态系统。"林"和"田"都是大地主要组分。"湖"的着重强调，很可能和这个提法产生的现实环境有关，如太湖边上的湖州，一切生态考量都是离不开湖的。

沈国舫认为要针对当地生态系统的成分提出不同地区的关注要点。例如：广州市根据当地的地貌和区域特点，提出了"山水林城田海"的形象序列；对于农田少、湖泊小的塞罕坝地区，主要关注点是"山水林草"；而江西省则非常适合用"山水林田湖草"的系统观点考虑地区社会经济发展的宏观战略，确立各组分的体量和布局，因地制宜确立国土总体安排。

## 三、强调"草"的重要生态作用

山水林田湖生命共同体的认识高瞻远瞩，具有大格局、大战略、大思维，而从自然科学的角度出发，概念的厘清也尤为重要，中国草原面积3.928亿hm²，占国土面积的40.9%。因为水分不够，胡焕庸线从黑河到芒市，一边是湿润为主，另一边是干旱为主，森林草原—典型草原—干旱草原—荒漠草原都是以草为主，可以说"草"占据了"半壁江山"。如果不包括"草"，自然综合体是不完整的。从自然系统观的角度来看，"山水林田湖"不仅是自然要素的系统划分观点，更是从"农林牧副渔"等基础产业系统认知的重要体现。我国是农耕起家的大国，牧业是重要的行业之一，正是"草"相对应的行业，"林田草"则把林业、农业、牧业3个大的系统都涵盖其中。实践证明，增加"草"涵盖了中国地带植被中面积最大的草原和草地；增加"沙"体现了对沙地荒漠的重视，也使得概念更为清晰完整（图3-5）。

图3-5 2021年，沈国舫在首届草坪业健康发展论坛上做报告

# 第四节

# 国家层面的林业重要政策建议

进入21世纪，我国林业建设进入新纪元，实施了以天然林资源保护工程、退耕还林还草工程等六大林业重点工程为主体的一系列林业重大工程，不仅对改善我国生态环境、实现可持续发展发挥了重要作用，也是维护全球生态安全的重大举措。

## 一、我国启动天然林资源保护工程的主要倡导者

我国天然林资源保护工程（以下简称"天保工程"）是世界上第一个也是唯一一个以保护天然林为主的超级生态工程。沈国舫是实施天保工程的主要发起者，多次参与政策制定，赴各地实地调研，对地方天然林保护工作给予指导。

### （一）呼吁保护西南地区原始老林促成天保工程

1996年初，沈国舫在考察川西林区时，目睹了直径在1m以上的云杉、冷杉被大量采伐运输，他还到卧龙林业局与九寨沟林区的林业工作者进行交流。进入林区看到残破林相，他对20多年来高强度的林木采伐深感痛心。原始老林长成需要千百年，伐掉仅需几小时，如果再不加以保护，子孙后代将再难以看到"天然巨树"，甚至不知道当年父辈们生活的时代是什么样子。沈国舫进行了深刻反思，于当年5月撰写了一篇社情民意提交全国政协，呼吁保护西南地区的原始老林。"希望国家把此事看成涉及半壁江山（长江流域）的大事来抓，把西南原始老林全部转为公益林，制止大面积的商业性采伐，强化森林经营管理，转移林业多余劳力到其他行业就业。""这件事做起来有相当难度，不是一个省或一个部门所能办到的，需要国家统一协调、指导，建议中央尽快出台有关文件，并采取坚决措施保证贯彻执行。"这篇建议得到了中央领导的高度重视，要求林业部门提出相关意见，林业部安排下属森工局提出保护天然林的意见。1996年秋，时任国务院副总理朱镕基赴川西考察，了解到基层的实际情况，对林

业部门提出的保护天然林的意见十分重视，天保工程呼之欲出。1998年，长江流域发生特大洪水，社会各界对于水土保持、森林保护等问题热切关心，天保工程进入试点阶段，从2000年10月正式实施，天保工程一期为期10年，沈国舫的建言促成了天保工程的上马。

（二）向中央提出高质量的天然林保护政策建议

天保工程实施后，沈国舫曾多次向中央提出高质量的政策建议。2006年，他在向时任国务院总理温家宝汇报东北水资源咨询成果时作了补充发言，从战略全局的高度分析东北林区、农区和草原沙区林业发展现状，主要针对天保工程一期、农田防护林网建设、东北西部和内蒙古东部治沙造林和草原护牧林建设的成绩和不足，提出了实施森林科学经营、振兴东北林业基地的建议。他针对天保工程提出4点建议，为中央决策提供重要科技支持，也对天保二期的持续进行，起到了巨大的推动作用。政策建议包括："一是强力推进林区政企分离的进程。要紧紧抓住天保工程取得初步成果的有利时机，立即着手推进林区体制改革，包括政企分开、资企分开和事企分开。二是延长天保工程的实施期限，扩大工程覆盖范围，提高补助标准，并彻底转变制定采伐限额的运行机制。根据东北地区的自然条件和林木生长状况，要把东北林区的森林资源年龄结构调整到合理的可持续经营的状态，考虑到不同地区林情的差别，总体上需要20~40年的时间。三是增设森林培育专项资金，把中幼林抚育提到战略高度。天然林保护不应该只是被动的保护，它的更大的战略意义在于培育起后备森林资源，实行可持续经营。因此，中幼林抚育（含部分低价值林分改造）就应成为主要的措施，国家应该设专项基金予以扶持。四是对天保工程实施以外政府划定的公益林，实施生态补偿。这对于支持地方林业建设，保障林农收入十分重要。"

（三）指导我国多个区域的天然林保护工作

除了东北林区以外，沈国舫对其他地区的天然林保护情况也十分关心。2002年4月，他到陕西省延安市黄龙县的黄龙林区、宝塔区、吴起县，宁夏回族自治区的盐池县和贺兰山林区、彭阳县和泾源县的六盘山林区，跨甘肃省庆阳地区和陕西省富县的子午岭林区，合水林业总场和乔北林业局，进行了深入考察，发现天保工作中的问题，如因为禁牧而存在把羊群集中到林区放牧，资金投入不足，停止木材砍伐后经济收入减少得不到补偿，等等。他还提出了黄土高原天然次生林区的保护和经营问题。2008年8月，沈国舫赴新疆天山西段的伊宁市和南疆南部的和田地区专项考察，提出了由于过多的林下放牧，造成云杉林复层结构不明显，仅有上层是茂密的，中下层幼树几乎不见踪影，由于上层是过熟林，出现风倒、虫害等情况则会产生倒伏。同样情况也出现在伊犁地区的天然阔叶林上，如野果林、野核桃林等。他专门给国家林业局和新疆维吾尔自治区领导反映问题，并提出解决林牧矛盾、改良天然草场和建设高质量人工草场、清理风倒木、严禁林下放牧等措施。2010年，正值天保工程一期结束，沈国舫出席哈尔滨林业局举办的"中国多功能森林经营与多功能林业发展模式研讨会"，总结回顾了10年来考察天保工程的情况，指出了"禁伐一刀切"的消极保护问题（图3-6）。

## 二、沈国舫天然林资源保护的主要观点

（一）树立长期坚持天然林资源保护的理念，明确天保工程的政策导向

沈国舫认为，天保工程本质上是弥补长期以来对天然林过度砍伐消耗带来的资源亏失。天保一期起到了效果，但10年时间较短，需要一到两个龄级，即20～40年来恢复森林龄级结构。经过长期的休养生息、恢复元气，提高森林质量和积累足够的木材蓄积量之后，再有效地利用森林资源。因此，天保工程是实践天然林保护的阶段性措施，但是天然林保护的理念却是需要长期坚持的。要发挥森林的综合效益，把生态效益摆在第一位，兼顾经济效益和社会效益。要把握好天然林保护中生态效益和经济效益的度，既不能只注重经济效益，过去相当长一段时间已经有了深刻的教训；也不能只讲生态，不讲经济，走向单纯禁伐。由于天保工程的综

图3-6 2010年，沈国舫考察哈尔滨天然林下更新

合复杂特征，会在机构转型、从企业单位转向事业单位、多余职工安置、财政投入力度、生态补偿等方面产生多种问题，都需要全面深入的谋划思考。

（二）天然林资源保护要落实森林的可持续经营理念

沈国舫认为天然林保护并不是一封了之，动也不能动，完全依靠自然力就能解决问题，而是需要在合理范围内发挥人工作用，进行科学森林经营，要把树木采伐视为一种森林资源的经营手段，在不伤害森林本底值的情况下，适当地用好伐木经营，促进森林系统的恢复和发展。他曾经用我国的大兴安岭林区与芬兰相比，用小兴安岭—长白山林区与瑞典比，在自然禀赋方面，我国并不差，相反还存在优势，但是经营水平上却差很多。主要是在政策制定和执行、思想认识、技术应用等方面，都存在差距。

（三）天然林保护需要关注森林的多功能性

沈国舫非常重视森林的多功能性，"有一部分森林和林地应根据分工，可以是专用的。比如说自然保护区要专门划出来，直接保护；有些部分要搞速丰林基地，但要注意，在一种林种功能为主的情况下，其他功能也要有一定的水平。"因此，天然林保护过程中，除了恢复森林资源，为子孙后代预留出大量的木材资源之外，还要看到天保工程涵养水源、保护水土的作用。天保工程在云南、贵州、四川、重庆和东北、内蒙古以及海南先后展开，对大江大河源头、库湖周围、水系干支流两侧及主要山脉脊部等地区都实施了重点保护。要根据不同保护地的特点发挥森林的多种用途，综合应用。提倡良种化，将自然力和人为措施相结合，让纯林和混交林、同龄林和异龄林的经营各得其所（图3-7）。

图 3-7　2005 年，沈国舫考察黑龙江伊春林区

### （四）天保工程要注重采取多种方式方法

在沈国舫看来，天然林保护不是"一棵树都不能砍"，而是要加强森林培育，除了最初的更新造林，还包括森林抚育、病虫害防治、林分结构改造等，这里就包括了抚育伐、卫生伐、次生林改造中部分树木砍伐等一系列伐木活动。当代科学技术完全可以把保护和适度利用兼顾起来，应该通过积极灵活的方式来继续森林资源的可持续经营和发展。通过可持续的经营来增加森林资源的碳汇，应对气候变化所带来的影响。

## 三、为我国退耕还林还草工程的实施作出重要贡献

退耕还林还草工程是党中央、国务院在世纪之交着眼中华民族长远发展和国家生态安全作出的重大决策，是世界上投资最大、政策性最强、涉及面最广、群众参与程度最高的生态工程，对全球21世纪以来增绿贡献率超过4%，创造了世界生态建设史上的奇迹。沈国舫对退耕还林还草工程也注入了大量心血，投入了大量精力。

### （一）有力推进退耕还林还草工程的持续实施

1998年，沈国舫带领团队深入黄土高原实地考察，本着为人民负责、为子孙后代负责的态度，他直言不讳地告诉所在省领导，黄土高原地区应该大力提倡退耕还林还草。那时，国家林业局正准备试点退耕还林还草，沈国舫的表态无疑是一剂重要的强心剂。四川、陕西、甘肃3省率先试点，退耕还林还草工程于1999年拉开序幕。2000年，在向中央提供的《黄土高原生态环境建设与农业可持续发展战略研究综合报告》中，沈国舫提出黄土高原明确遏制生态环境恶化的近期目标（2000—2010年），即"25°以上坡耕地退耕还林还

图 3-8 2002 年，沈国舫（左二）在陕西吴起考察退耕还林还草工程

草，通过水土保持措施使年平均入黄泥沙减少4亿～5亿t，有效林草覆盖率提高到25%。"2002年4月，沈国舫专程赴陕西、宁夏考察了当地的退耕还林还草情况，撰写了调查报告供政府决策参考（图3-8）。2005年，他与学生李世东、翟明普共同撰写了《退耕还林重点工程县立地分类定量化研究》。2013年，沈国舫、尹伟伦等10位院士赴陕北考察，实地考察退耕还林效果，联名写信建议国务院再启退耕还林还草工程。不久后，《中共中央关于全面深化改革若干重大问题的决定》明确要求，稳定和扩大退耕还林还草范围。2014年8月，国务院批准《新一轮退耕还林还草总体方案》，退耕还林还草工程开始新一轮的推进。

（二）指导西北地区退耕还林还草的选向

退耕还林还草的选向是工程实施的基础问题，要根据地域的实际情况着重安排。沈国舫按照地域特点对我国退耕还林还草的选向作了基本判断。西南地区基本上属于亚热带湿润地区向青藏高原过渡地带，退耕还林还草地区主要集中在亚热带湿润山丘地区以及其上的温带湿润高山峡谷地区，这一地带的原生植被是森林，因此需要退耕还林。西北地区相对复杂，秦岭以南地区是湿润的森林地带，以还林为主；半干旱地带应以还草为主，搭配一些旱生的林木；更偏西北的广大干旱和极干旱地区，应恢复天然植被，主要解决林牧矛盾（表3-1）。

（三）关于退耕还林还草工程的主要观点

退耕还林还草是"以粮食换生态"的政策，具有长远的战略意义。从生态修复的角度来看，退耕还林还草是在原来的自然生态系统已经彻底破坏消失的土地上，采取的毅然决然的重建或新建的措施。这无疑是减少水土流失、恢复和改善生态环境的重大举措，对水土流失严重、生态环境脆弱的西部地区意义更为重大。

表 3-1　西北地区退耕还林还草种类表

| 自然地理区位 | 自然植被 | 退耕还林/还草 | 树种/草种举例 |
| --- | --- | --- | --- |
| 秦岭以南的陕南地区及陇东南的武都地区 | 森林 | 还林为主 | 渭北高原是温带水果的适宜区，可选择种植苹果 |
| 半湿润区以北到长城沿线之间 | 草原 | 还草为主 | 草地搭配旱生型林木，如枣树、山杏、沙棘、柠条等 |
| 更偏西北的干旱地区 | 荒漠灌丛、河滩绿洲、盐碱地 | 恢复天然植被 | |

退耕还林还草是一项综合工程，不仅和自然因素有关，更和地区的社会经济状况，如人口密度、城镇化水平、产业（林果业、草畜业、农产品加工业等）发展基础、种苗准备状况等有关。还林还草的选向难以标准化，需要执行者在县乡一级的调研中考察实际情况，作出适合当地情况的选择。这就要求退耕还林还草的政策既要有刚性，也要有弹性，由于退耕还林还草覆盖面大，涉及省份多，每个地区都有自己的实际情况，需要在坚持基本目标和方针的前提下，在政策执行上有一定的弹性和适应性，为广大领导干部留出一定的空间来。

退耕还林还草也需要因地制宜，选择还林还是还草，要综合当地的实际情况以及具体的林种、树种和草种的生态功能、生长习性等综合考虑。一般森林体量大、寿命长、结构复杂，虽然防风固沙、保持水土、涵养水源等功能较强，但对气候和土壤条件要求较高、消耗水分也较多。草地虽然体量小、层次结构单一、生态功能不如森林，但生长密集繁茂的草地也有很好的生态功能。

## 四、建立国家储备林制度的主要建议者

长期以来，林业一直扮演着木材和能源资源供给的重要角色，我国已成为全球第二大木材消耗国、第一大木材进口国，对外依存度接近50%，进口原木超过全球贸易量的1/3。如何解决木材资源自给问题，沈国舫主张建立国家储备林制度。

### （一）高度关注我国木材安全问题

沈国舫坚持木材要依靠国家的生产能力，进口作为辅助，把木材资源牢牢抓在自己手中。1984年，在制定发展速生丰产用材林的技术政策时，他阐明了对木材进口的观点，要注意到扩大木材进口的限制因素。包括全球木材资源有限，有的国家禁止原木出口；交通运输能力和港口设备限制；资金的限制；对产材地区生态环境的保护责任；等等。20世纪末，沈国舫针对速生丰产林项目取得的成绩和经验，提出要把营林工作的重点转移到提高森林生产力上来，通过政策调整、资金投入等保证林农的经济回报，激发他们的积极性，有效地把适用技术推广应用到生产中，实现森林高产优质高效，提升各地区的森林生产力水平。2013年，沈国舫考察加拿大林业后，反思我国森林生产和木材加工，指出加拿大是森林可持续发展的"蒙特利尔进程"发起国及"样板林可持续经营"的主要实践国，是木材生产、加工和出口的世界大国，是森林可持续经营的先行者之一，实现

了比较稳定的统筹兼顾战略格局。这是我国所缺乏的。一些地方要么不顾自然生态保护盲目开发，要么采取禁止一切经济利用的"一刀切"模式，把禁伐定得过死，把正常的经营性抚育伐、卫生伐也禁了。另外，我国又不得不陷入大量进口木材和木材产品（自给率仅为50%）的境地，如何进行统筹兼顾的科学决策，需要好好思考。

（二）积极建议建立国家储备林制度

国家储备林，是为满足经济社会发展和人民美好生活对优质木材的需要，在自然条件适宜地区，通过人工林集约栽培、现有林改培、抚育及补植补造等措施，营造和培育的工业原料林、乡土树种、珍稀树种和大径级用材林等多功能森林。其根本任务是提升林业综合生产能力，提高木材产品供给数量和质量。它的出发点是为解决生态安全与木材需求之间的矛盾，以实现维护生态安全与保障木材需求间的协调平衡。

沈国舫是建立国家储备林制度的主要倡导者。2013年，中央一号文件提出"加强国家木材战略储备基地建设"，木材战略储备基地建设上升为国家的重要决策。同年，国家林业局组织编制了《全国木材战略储备生产基地建设规划（2013—2020年）》和《2013年国家储备林建设试点方案》，在7个试点省（自治区、直辖市）选定30个承储试点林场，首批划定国家储备林5.83万hm²，迈出构建长效稳定的国家林木储备第一步。2014年，全国木材战略储备生产基地建设范围扩大到15个省（自治区、直辖市），划定国家储备林100万hm²。同年3月，唐守正、沈国舫、张齐生、孙九林、李文华、尹伟伦、马建章、李坚等8位院士联名致信时任国务院总理李克强，提出"建立国家储备林制度"的建议。尽管木材可以进口，但生态必须靠自己建设。生态文明建设与提高森林质量、增加木材生产息息相关。建立符合中国国情的木材储备基地，培育珍稀和大径级森林资源，是提升我国森林生态功能、增加生物多样性的创新性举措，是生态林业和民生林业的最佳结合点。时任国务院总理李克强、时任国务院副总理汪洋分别作出重要批示。到了2015年，中央一号文件明确提出，建立国家用材林储备制度。2017年，国家木材储备战略联盟专家委员会成立，沈国舫担任委员，在国家储备林建设的战略设计、发展思路和规划重点方面作出指导，为《国家储备林建设规划（2018—2035）》《"十四五"国家储备林建设规划（2021—2025）》的制定提出建议。

# 第五节

# 区域层面的林业政策建议

沈国舫对地方林业建设发展也倾注了大量心血，指导各地生态环境建设和林业发展，如支持首都北京的绿化事业、大兴安岭的灾后重建、绿化太行山工程等。

## 一、大力支持首都北京绿化事业发展

沈国舫从苏联留学回国之后就定居首都北京，除了随迁去往云南之外，前后在京近70年。他十分关心北京的绿化，北京西山林场是他重要的造林实验基地，京津冀风沙源治理、圆明园地下水治理、温榆河公园建设等工作也留下了他的身影（图3-9）。他对首都绿化提出的建议有：

一是北京的林业建设需要常态化长效化的整体推进。把北部山区（燕山）水库上游水源保护林的建设作为北京城市林业建设的重点。采取扩大森林面积、改善组成结构、提高水源涵养、保持水土功能、提高森林质量等手段，同时与永定河、潮白河上游的河北省山区的绿化工作相配合。

图 3-9  2020 年，沈国舫（右二）考察北京郊区地区白桦林

二是持续增强森林培育的基础作用。以保护原有的天然林为基础，通过封山育林、植树造林、飞机播种等手段，全面恢复乔灌草相结合的森林植被，使得北京市森林覆盖率在可预见的土地利用结构变化的情况下达到一定比例。

三是逐步推进风景游憩林建设。北京应重点建设和改进风景游憩林，丰富树种组成，改善林分结构，提高生物多样性和景观多样性。提高风景游憩林的美景度和满足游憩需要的程度（暂称之为"宜游度"）。要以"自然、清新、美观、方便"为其共同发展目标，又要使各个风景游憩区域更好地与当地历史人文景观相配合、与其他地理景观成分（山体、水面、草甸等）相结合，做到景色多样，各有特色。

四是稳步实施防护林建设。完善平原农区农田防护林网的建设，提高其完整度和防护功能。对重点风沙区，如康庄、南口、永定河和潮白河沿岸等，进行彻底治理和合理开发，综合考虑交通干线、河道两旁绿化和农村居民点绿化的协同作用，通过混交、复合、多层等方式，形成一道京郊农村林茂粮丰、安详舒适的风景线。

五是注重创造森林经济价值。重视森林的生产功能，搞好经济林的合理布局，提高其经营水平，提供数量充足、质量上乘、具有京郊特色的干鲜果品及其他林副特产（蜂产品、蚕产品、野果、林菜、药材等），适当开发适用于京郊的木材制品和生物能源，特别要为山区群众开拓就业和致富的门路。

六是加强绿化片区管护管理。统筹协调，做好北京城区周边绿带隔离片林的建设，充分发挥其防护、隔离、净化和美化的功能，为市民提供半日游可达的风景游憩去处；加强北京市的卫星城镇的绿化美化，提供远眺所及的绿化大背景，形成完整的观赏景观。

## 二、大兴安岭灾后恢复建议

1987年5月6日，我国大兴安岭北部林区发生特大森林火灾。这是新中国成立以来毁林面积最大、伤亡人员最多、损失最为惨重的一次，过火面积101万hm²，其中有林面积70万hm²，烧毁贮木场存材85万m³。按照中央领导同志的指示，国务院大兴安岭灾区恢复生产重建家园领导小组组建了以杨延森为组长，吴中伦、曾昭顺、沈国舫为副组长，包括气象、土壤、生态、水土保持、病虫害、营林造林、采运和林业经济等多学科的专家考察组，1987年6月23日—7月23日赴大兴安岭灾后实地考察。考察后，沈国舫主笔撰写《关于大兴安岭北部特大火灾后恢复森林资源和生态环境的考察报告》，对灾情进行客

图 3-10　1996 年，沈国舫考察大兴安岭火烧迹地上的落叶松更新

观判断，提出火烧木清理、森林资源恢复等应对策略（图3-10）。

（一）客观全面判断火灾影响

没有以往灾情的经验可循，沈国舫和专家组成员一道，深入细致考察，客观准确作出判断。总体上看，大兴安岭特大森林火灾具有过火面积大、损失蓄积多、火烧强度大且集中连片、中幼林损失惨重、大量烧死木需要清理利用等特点，势必会对大兴安岭北部林区的生态环境造成巨大影响。

考察组对气候、土壤、树木残迹等深入研究。认为对气候的影响，主要是地面烧焦后的地温增高，会导致局部气温升高，但不足以影响气团运动；对土壤影响也不大，火灾发生时土壤刚刚解冻，大部分火烧地的土壤有机质层被烧毁，露出新土使得土壤表层pH值上升，土壤有机质的矿化速度加快，对于土温偏低、有机质分解速度比较缓慢且呈酸性的大兴安岭土壤来说，有助于植被的迅速恢复；但由于树木失去防护作用，水土流失成为潜在影响，并且存在虫害影响，有蔓延到其他过火林地并侵害活立木的可能性。

考察组专门对火烧木的清理提出建议，由于大兴安岭火灾造成的烧死木数量很大，仅烧死木就达到了3960万m³，清理火烧木成为重中之重，应区别对待过火健康木、烧伤木、濒死木和烧死木；开展拯救伐，结合火烧木的数量、分布、虫害传播和木材降等等情况，提出火烧木清理期限为5年。考察组还对于火烧木的运输布局、运输方式、运输力量及综合利用提出建议。

（二）提出森林资源恢复对策

基于"大兴安岭北坡的过火林地绝大部分是能够自然恢复更新"的判断，提出森林资源恢复对策。一是坚持"分类指导、突出重点"的原则。根据火烧迹地的不同火烧程度、原有林型及林木生长状况、周围环境、交通远近等情况，因地制宜采用适宜的更新方式和措施。突出集中连片的重火烧迹地这个重点，采取人工促进天然更新及人工更新等更为积极的措施。二是选择乡土针叶树种为主要恢复树种，如兴安落叶松、樟子松等。其他方式包括：在落叶松林地上可采用落叶松樟子松混交林；在湿润河谷地上采用红皮云杉和甜杨；提高实生白桦的栽培；试验改良土壤树种赤杨；等等。三是引入外来种源的林木种子，如河北塞罕坝的兴安落叶松、海拉尔红花尔基的樟子松等。从战略层面考虑林木种子事业，同时可以适当考虑进口国外的良种。四是更新方式以植苗造林为主，植苗造林与播种造林相结合。建设大规模的育苗基地，提高苗木质量和产量，可考虑采取飞播的更新方法，提高更新的规模和效率。

（三）建议开展大兴安岭火灾地区科学研究

沈国舫与考察组成员都认为大兴安岭火灾提供了一次难得的科学研究良机。包括建设以小流域为范围的生态定位站，增设气象哨及水文站，定量估算森林的多种生态效益，阐释火灾后、更新后对生态环境影响的变化规律；建立树木园、种子园及其他良种繁育基地，研究引种国内外优良树种；设立各种更新样板试验区，以提高林木生长量为中心目标，加强森林更新、抚育和保护的技术及器械研究；开展专门林火研究，研究火的预测预报、火的行为和生态；充分利用林区资源开展多种经营、综合利用；等等。

（四）指导灾后重建

1987年7月，中国科学院评估《关于大兴安岭北部特大火灾后恢复森林资源和生态环境的考察报告》水平为国内先进，对大兴安岭灾后重建具有重要的指导意义，指导了后续几十年的森林资源的恢复工作。10年之后的1997年，沈国舫根据灾区森林资源恢复更新的检查总结，全面分析了特大火灾后的生态环境变化和森林更新进展，赴中国台湾有关部门做报告（图3-11）。其中天然更新的效果明显，更新面积大，幼林覆盖了大面积土地，生态条件得到一定程度的恢复；人工促进天然更新，在保留部分针叶树下种母树的中重度火烧迹地上，经松土整地可促进天然下种更新；人工更新则以针叶树植苗方式为主，这在连片无母树的重度和极重度火烧迹

图 3-11 1997年，沈国舫在中国台湾有关部门做报告

地上几乎是实现森林及时更新的唯一选择。人工更新条件良好的迹地，造林成活率第一年达到90%以上，到第四年保存率达到85%以上，取得了良好成效。

### 三、太行山绿化工程的建议

1982年和1983年，当时的中央领导同志两次视察河北省易县、山西省五台县时，高瞻远瞩提出绿化太行山。他指出，农业要有两个转变：一是从单纯抓粮食生产转变到同时狠抓多种经营；二是从单纯抓农田水利建设转变到同时大力抓水土保持，改善大地植被。森林的改善水土、绿化植被等作用逐步为中央重视，林业部在三省一市太行山绿化规划的基础上，制定了《加速绿化太行山的规划意见》

1984年5—6月，林业部科学技术委员会、中国林学会组织了15人的专家团队，沈国舫作为专家组副组长，考察了太行山区12个县（市）的数十个基层单位，主笔撰写了《加速绿化太行山学术考察报告》，指导太行山绿化工程。

一是提出绿化太行山的指导思想。"组织群众，造林种草，保护植被，改善生态，以短养长，富山保川。"重点围绕经济效益、地理条件、绿化方式和植被类型4个方面探讨了生态和经济、山地和平川、发展和养护、造林和育草的关系，提出治理太行山对于京津两市在内的华北平原起到重要的安全保障、调节水源等作用，治理太行山的生态效益是带有全局性的和有长远意义的，林（包括乔木和灌木）和草的合理搭配可以显著改善太行山的生产潜力等建议，具有前瞻性、全局性和科学性，至今仍具有重要的指导意义。

二是明确了绿化太行山的标准和速度。考察组综合了治理目标、既往数据、地质条件等因素，经过科学分析，提出太行山区森林覆盖率达到50%左右，草地覆盖率达到20%左右，总的林草覆盖率达到70%左右。要求片林有较高郁闭度，草地达到盖度70%以上。在造林速度方面，提出了太行山区绿化建设总面积7398万亩，其中造林育林面积5397万亩，当时提出到2000年基本完成植树造林和种草育草的数量任务。从执行情况来看，当时估计稍显乐观，截至2020年底，实际完成营造林任务6000多万亩，工程区森林覆盖率达22.75%，比建设之初提升11%。

三是提供了造林技术和树种类型选择的建议。在造林技术方面，提出采取造、飞、封3种方式并举，主要采取人工造林。树种选择方面，针对太行山绿化树种单一的问题，提出了按照海拔不同，采用多种树种交叉的方式（表3-2）。

四是高度重视组织措施和经济政策。指出"在太行山区造林，短期有收益的经济林和速生林毕竟只占小部分，一般不超过20%，大部分土地还是要营造10～20年内无收益的防护林和用材林，其造林的目的主要还是着眼于生态效益。"实践证明，造林的经济投入对工程建设十分重要。自1986年工程启动实施以来，国家共下达中央预算内资金近30亿元，地方投资近15亿元，直接推动了工程的有效实施。目前已经完成两个阶段任务。第三个阶段为2011—2050年，森林覆盖率可由15%提高到35%左右，通过恢复和扩大森林植被，以提高山区的水土保持能力，对保障华北平原及京津地区生态安全、促进区域经济社会可持续发展具有重要意义。

**表3-2　太行山绿化树种选择建议**

| 海拔及地形 | 主要树种 | 辅助树种 |
| --- | --- | --- |
| 1800m以上亚高山 | 华北落叶松 | 日本落叶松、云杉、冷杉 |
| 800～1500m中山 | 油松、华山松、樟子松、白皮松 | 桦木、山杨、辽东栎、鹅耳枥、五角枫、椴树、大叶白蜡、核桃楸 |
| 800m以下低山丘陵 | 刺槐 | 麻栎、栓皮栎、槲树、槲栎、侧柏、臭椿、黄连木、火炬树、山合欢、黄栌、紫穗槐、荆条、沙棘、酸枣、毛白杨、楸树、泡桐、榆树、国槐 |
| 沟谷盆川 | 杨树 | 旱柳、白榆、楸树、泡桐 |

# 第六节

# 大力推动林业产业发展

沈国舫坚持从国家战略层面思考林业定位和发展方向，重视提高森林综合效益，十分关注林业产业的发展。

## 一、沈国舫关于林业产业的主要观点

沈国舫重视森林的多功能性，认为要重视林业的双重属性，兼顾从事生态建设的公益事业和从事林产品生产的基础产业，他主张林业产业要在社会效益和经济效益中找到平衡点。

### （一）林业产业应以科学发展观为指导思想

沈国舫认为发展林业产业要坚持科学发展观和"五个统筹"，"坚持以人为本，树立全面、协调、可持续发展观，促进经济社会和人的全面发展。""统筹城乡发展、统筹区域发展、统筹经济社会发展、统筹人与自然和谐发展、统筹国内发展和对外开放"。其中人与自然和谐发展是基础，林业产业涉及广大人民群众切身利益，必须照顾好农区、林区群众的生产生活情况，保证稳定繁荣。林业与大自然打交道，不能单纯强调人类需求而忽视自然资源和环境的制约。在林业的生态、经济、社会三大效益中，要把生态效益置于优先地位加以重视。

### （二）林业产业是常青产业而非夕阳产业

从能源来源上看，林业产业利用日光能转化为生物质和生物能源，是绿色产业；从产品种类看，林产品多种多样，包括果品蔬菜、饮料药材、生物能源以及新兴的多种人民生活的必需品；从木材资源属性来看，与四大主要材料的其他三类——钢材、水泥和塑料相比，木材具有自然性、可再生性、低能耗性和环境友好性的优势。因此，林业产业要向增产、优质、低耗、高效的方向继续发展。从经济效益来看，林业产业生产出的木材和其他林产品，是森林经营利用获得经济效益4条途径中最为重要的一条，与林下经济、生态旅游和文化康养、提供生态产品而获得生态补偿，共同组成了森林经营利用的经济转化途径，这也是"绿水青山就是金山银山"的重要转化路径。

### （三）林业产业要置于完整产业链中加以认识

沈国舫坚持把林业产业置于完整业态中加以系统认识。包括木材在内的多种林产品的加工利用、营销贸易、林下经济、生态旅游及其他与森林有关的服务产业，都应该加以重视。强调以森林或者林木资源为主要对象，关注产前、产中和产后的完整产业链。如林木种植业，林业规划设计业，森林培育业，林果、林药、菌类等的培育利用业，森林动物驯养业，森林狩猎业（合法化的），森林采伐运输业，木材（含竹材）加工业（包括精深加工），林产化工业，森林旅游业，森林保健业，林产品市场营销业，等等。

### （四）按照科学规律落实林业产业政策

在落实政策过程中，沈国舫反感个别地方部门采取"一刀切"简单粗暴的方式。2019年，他在给中国老教授协会做报告时一针见血地指出："一些人不了解木材是国家建设和民生不可或缺的重要原材料，更不了解木材更是可恢复、可再生、低能耗、可降解的绿色材料。有一些人盲目反对伐木，达到了令人哭笑不得的地步，反映了市民阶层的心态。""森林经营本身就包括采伐利用，有些林业局资源枯竭是因为没有把握好林区开发节奏。森林经理学中允许采伐量的科学计算方法从未得到应用，而一些成熟林、过熟林资源丰富的林业局，如吉林森工的红石林业局和露水河林业局也被迫停伐，虽有资源也不能利用，大大增加了人造板的生产成本致使企业严重受损。"

## 二、指导地方林业产业发展

沈国舫十分挂念我国广大林区工作者，他几乎走遍了我国所有省份的林区，为地方林业产业发展提出了诸多指导意见。

### （一）振兴东北林业

沈国舫对东北林区有着深厚的感情，无论是做大兴安岭特大森林火灾调查，还是考察东北水资源项目，他曾多次赴东北三省和内蒙古林区指导工作。2004年，以中国工程院"东北水资源项目"为契机，历时两年，他的足迹遍布东北三省和内蒙古东四盟。指出东北林业发展的重要问题是，木材生产和基于木材的加工业的衰落和缺位造成了林区产业链的巨大空缺。在长期计划经济体制下形成的国有林业企业运行机制及政企合一的林区社会显示了巨大的不合理性，强烈要求体制改革和外力干预。他为东北林业基地的发展把脉支招，强调要从国家战略的高度重视东北林区作为我国重要的林业产业基地的功能作用，以木材生产和加工（含制浆造纸）为主的林业产业仍将是东北地区的支柱产业之一。

### （二）关注桉树产业发展

沈国舫十分重视南方的桉树林种植，曾经多次赴广东、广西、海南调研，实地调查桉树林的种植、收获情况。20世纪末，我国桉树种植进入快速发展阶段，他关注桉树耗水问题，强调桉树作为速生阔叶林种，是世界上重要的造纸树种，为满足造纸行业需求，可以加强桉树人工林建设，但要遵守一定的原则。包括不宜大面积连续种植，应该与其他树种合理搭配；桉树不能种植在水源地区和陡坡地带；发展桉树人工林不能侵犯天然林；借鉴国外先进国家的经验，开发、经营和利用好桉树人工林。对于社会上出现的桉树"绿色沙漠"的质疑，2008年，沈国舫担任中国工程院"南方各省在建设大型纸浆厂及大面积种植桉树中保护生态与环境重大问题的战略研究"项目的总顾问，支持项目结论，包括桉树不是"抽水机""抽肥机"，也不会对人类健康和环境造成不良影响；桉树可以种植，也可以发展，但必须合理规划。沈国舫从实践出发，客观辩证地看待桉树种植采伐问题，撰文大声疾呼："我国南方的人造桉树林虽有缺陷，但也有很大功绩，在一些地方却被污名化并遭受行政性禁令，使本来卓有成效的营造速生丰产用材林计划销声匿迹，一些民营林也受到种种限制。相关部门甚至已没有木材生产指标，进口木材的数量已超过全国木材消费的一半。生态保护修复和自然资源的合理利用可以协调共进。木材生产是森林资源利用的主项，长期依赖进口木材并不可取。"

### （三）推动木本饲料桑产业发展

沈国舫开始关注木本饲料桑产业，源于三峡库区消落带生态治理问题。消落带主要是指季节性水位涨落使被淹没土地周期性出露于水面的区域。2015年，他主持中国工程科技中长期发展战略研究项目"三峡库区消落带生物治理技术研究与示范"。课题组提出尝试用桑树、中山杉治理消落带，同时发展饲料桑新兴林业产业。他十分高兴看到桑树能够在生物治理消落带生态问题的同时，还能产生经济效益，亲自为《中国的黄金桑产业》一书撰文写序。"我曾为此写过一篇小文章，宣传桑树是一种很好的木本饲料树种。可以替代大豆充当主要的蛋白质饲料来源，而且桑树的饲料还有提高畜禽抗病能力的功能。任荣荣教授等人事后更进一步研究，把桑树枝叶进一步加工分解为桑粕和桑树浓缩液，在饲料产业及医药产业中可以发挥更大的作用。数据翔实，实际成效显著，我为之折服，为之兴奋。"并且他建议政府部门明确指向和规划，企业大力投入和启动实践，科学家们持续研发，桑产业会迎来兴旺的未来。

# 第七节

# 在世界舞台展示中国林业成就

　　沈国舫早期留学苏联，年轻时就接触了世界发达林业的发展，培养了他的国际视野，他还翻译了一些苏联造林领域的专业书籍，为开拓我国林业学者的视野提供了良好的辅助材料。改革开放之后，因其精通俄语、英语，他成为较早出国交流的林业学者，先后参加一系列世界林业大会、国际林联世界大会、欧盟及联合国粮食及农业组织召开的学术会议，他在会上做主旨发言，向世界各国展示了我国林业发展情况，为我国林业界与国际各国开展科学技术交流作出贡献（表3-3）。

表3-3　改革开放后沈国舫开展林业国际交流情况

| 时间 | 国家 | 事由 | 成果 |
|------|------|------|------|
| 1981年6月 | 泰国 | 参加联合国粮食及农业组织（FAO）亚太分部组织的薪炭林国际专业会议 | The present situation and development of fuel forest in China[C].FAO-ESCAP Proceedings, Bangkok, 1983. |
| 1982年2月 | 印度尼西亚 | 经菲律宾马尼拉赴印度尼西亚三宝垄参加联合国粮食及农业组织亚太分部组织的林业推广会议 | 沈国舫.印尼保护森林发展林业的措施[J].世界林业，1982(12): 21-23. |
| 1982年6月 | 菲律宾 | 参加菲律宾大学林学院的林业教师培训班结业仪式 | |
| 1982年11月 | 苏联 | 赴苏联塔什干市（今乌兹别克斯坦首都）参加国际标准化组织（ISO）的木材标准会议 | 承担国家科学技术委员会、国家计划委员会和国家经济委员会下达的制订林木速生丰产技术政策的研究项目 |
| 1983年6—7月 | 加拿大、美国 | 参加以时任林业部部长杨钟为团长的中国林业代表团访问考察加拿大与美国的林业 | 考察加拿大大西洋海岸的温哥华、大湖区的多伦多和桑德贝、首都渥太华；美国的纽约、华盛顿到北卡罗来纳州的南方松人工林基地，到西海岸的爱达荷州博伊西，最后到华盛顿州的西雅图和塔科马，再到旧金山 |

| 时间 | 国家 | 事由 | 成果 |
|---|---|---|---|
| 1985 年<br>5—6 月 | 美国 | 利用世界银行贷款组织北京林学院的美国林业教育考察团，任团长，去美国各地考察 | 主要考察华盛顿大学森林资源学院、耶鲁大学林学院、康奈尔大学林学院、纽约州立大学雪城大学林学院、杜克大学林学院、北卡罗来纳州立大学林学院、加州大学林学院和科罗拉多大学林学院 |
| 1985 年<br>7 月 | 墨西哥 | 参加第九届世界林业大会，并于墨西哥北部城市萨尔蒂约在防治荒漠化分会上做报告 | SHEN Guofang. Afforestation in semiarid and arid regions of China [C]. FAO proceedings, Mexico, 1985. |
| 1987 年<br>5 月 | 联邦德国、英国 | 利用世界银行贷款组织联邦德国林业考察团，然后去英国顺访 | |
| 1989 年<br>5 月 | 日本 | 赴日本京都参加亚洲山区农业及土地利用研讨会，会后考察日本林业高等教育 | |
| 1990 年<br>8 月 | 加拿大 | 赴加拿大蒙特利尔参加国际林业研究组织联盟（IUFRO）世界大会，在分会场做报告 | SHEN Guofang. Choice of species in China's plantation forestry [J]. Journal of Beijing Forestry University, 1992, 1(1):15-24. |
| 1990 年<br>8 月 | 苏联 | 参加国际林业研究组织联盟世界大会后赴苏联列宁格勒与莫斯科访问 | 应苏联列宁格勒林学院时任院长列契柯教授邀约回访。1989 年 9 月 5 日，苏联列宁格勒林学院时任院长奥涅金教授和时任造林教研室主任、苏联著名造林学家列契柯教授访问北京林业大学，列契柯做苏联造林学理论与实践的现状和前景的报告，刊登在《北京林业大学学报》 |
| 1991 年<br>9 月 | 法国 | 随中国林业代表团参加在法国巴黎举行的第十届世界林业大会，并做报告 | SHEN Guofang, WANG Xian. Techniques for rehabilitation of sylva-pastoral ecosystem in arid zones[C]// FAO.The 10th World Forestry Congress proceedings, Paris, 1991: 265-271.<br>沈国舫. 森林的社会、文化和景观功能及巴黎的城市森林 [M]// 徐有芳. 第十届世界林业大会文献选编. 北京：中国林业出版社，1992：224-229. |

| 时间 | 国家 | 事由 | 成果 |
|---|---|---|---|
| 1993 年 6 月 | 瑞典 | 赴瑞典参加森林养分循环国际学术会议 | SHEN Guofang. Studies on the nutrient cycling in a pinus tabulaeformis plantation [C]//Swedish Agriculture University.Proceedings of Nutrient cycling and uptake symposium, 1994: 177−185. |
| 1993 年 9—10 月 | 加拿大 | 代表国际热带木材组织（ITTO）及中国林学会参加在加拿大蒙特利尔召开的森林可持续发展大会，会后参观安大略省的林业 | 此会议后来发展成为林业可持续发展蒙特利尔进程的开端 沈国舫. 北方及温带森林的持续发展问题：CSCE 北方及温带森林持续发展专家研讨会情况介绍 [J]. 世界林业研究，1994(1): 18−24. 沈国舫. 北方及温带森林持续发展的标准及指标 [J]. 世界林业研究，1994(4): 81−83. |
| 1994 年 6 月 | 菲律宾 | 赴菲律宾马尼拉参加亚洲发展银行召开的亚洲生物多样性国际研讨会 | |
| 1994 年 9—10 月 | 美国 | 赴美国阿拉斯加参加美国和加拿大林学会的联合年会；赴美国华盛顿特区访问美国林学会总部 | 沈国舫. 从美国林学会年会看林业持续发展问题 [J]. 世界林业研究，1995(2): 36−37. |
| 1996 年 9 月 | 澳大利亚 | 赴澳大利亚南澳州阿德莱德市参加澳大利亚国际教育会议 | |
| 1998 年 9 月 | 加拿大、美国 | 应邀去加拿大渥太华参加加拿大林学会成立九十周年会庆；后去美国访问 | 赴加拿大期间在不列颠哥伦比亚大学林学院及多伦多大学林学院讲学；赴美期间在华盛顿大学森林资源学院及加州大学伯克利分校自然资源学院讲学 |
| 2001 年 6 月 | 芬兰、瑞士、奥地利 | 作为中国工程院代表团团长参加国际工程与技术科学院理事会年会并考察芬兰林业；会后去瑞士和奥地利考察两国林业 | 沈国舫. 瑞士、奥地利的山地森林经营和我国的天然林保护 [N]. 中国绿色时报，2001-11-16. |
| 2002 年 10 月 | 马来西亚 | 赴马来西亚吉隆坡参加亚太地区"Bring Back the Forests"研讨会，在会上做中国国家报告 | SHEN Guofang.Forest degradation and rehabilitation in China[C]//FAO Regional Office for Asia and the Pacific. Proceedings of an International Conference. Bangkok: FAO RAP, 2003: 119−125. |

| 时间 | 国家 | 事由 | 成果 |
|---|---|---|---|
| 2002 年 6 月 | 新西兰、澳大利亚 | 参加由国家林业局组织的考察组考察新西兰及澳大利亚两国的林业 | 沈国舫.考察新西兰所得的一些启示 [M]// 江泽慧.中国可持续发展林业战略研究调研报告 ( 下 ) .北京：中国林业出版社,2002: 203–205. |
| 2007 年 4 月 | 印度尼西亚 | 到印度尼西亚茂物市参加国际林业研究中心年会 | |
| 2008 年 10 月 | 美国 | 应美国环保协会邀请去美国考察黄石国家公园和大峡谷等地 | |
| 2012 年 5 月 | 瑞士、奥地利、捷克 | 赴瑞士、奥地利考察多瑙河流域管理，考察捷克的林业 | 中欧三国林业考察的印象及启示 |
| 2013 年 7 月 | 加拿大 | 按国合会生态保育研究课题之需去加拿大考察班夫国家公园 | 加拿大落基山脉生态保育考察报告 |
| 2017 年 5 月 | 美国、加拿大 | 考察美国黄石国家公园、大提顿国家公园及俄勒冈州的自然保护地；后去加拿大考察不列颠哥伦比亚省中部地区及温哥华岛上的景区 | |

## 一、把国际先进的林业科技介绍到我国

沈国舫早年留学苏联，俄文造诣深厚。1955 年，他曾利用假期时间为我国赴苏联考察的林业考察团担任过翻译。回国后，他看到我国林业科技书籍匮乏，翻译了苏联林业科学著作——克拉伊聂夫的《大阿那道尔百年草原造林经验》、拉夫利宁柯的《乌克兰的造林类型》、齐莫费也夫的《林分的密度和成层性是提高林分生产力的条件》等著作和论文，拓展了我国林业界的理论研究视野。

1955 年，苏联林学家普列奥布拉任斯基教授到北京林学院教授课程，语言不通对授课效果影响很大，他曾告诫学生："我们工作的另一个特点是通过翻译来进行教学。这就要求你们大家要有最大的精力和注意力，这样才能使教学工作更有成效。一些不恰当的翻译可能歪曲我讲的意思，造

成误解。翻译人员应当理解到自己工作的重要性和责任的重大。"1956年，沈国舫回国后全程作为普列奥布拉任斯基的助手兼翻译，帮助他在华的工作，沈国舫忘我的工作态度、林业专业精神以及高水平的翻译能力，被普列奥布拉任斯基称赞为他在中国工作的"润滑剂"。1958年，沈国舫撰文《编制立地条件类型表及制定造林类型的理论基础》详细介绍了苏联林学家波格列博涅克的林型学说的基本原理和在造林类型上的应用，被编入了林业部造林设计局编的造林资料汇编，供林业工作者实践使用。

改革开放后，随着科学研究的深入和职务的提升，沈国舫参与国际会议的机会逐步增加，他怀着对我国林业高度负责的责任感，紧盯世界林业发展的最前沿，利用一切参加国际重要会议的机会，把最新的科技动态介绍回国，在信息网络还不发达的年代，是国内林业界非常重要的接触世界林业科技前沿的机会和途径。同时，他深入理解林业领域科研走向，把稳发展脉络，结合我国实际，提出务实的意见和建议。

1985年，沈国舫参加第九届世界林业大会之后，结合出访美国、加拿大的感受，深入探讨了世界造林发展新趋势，提出全世界的人工造林面积不断扩大，人工更新的比重不断提高，世界造林从单纯搞用材林向多林种综合经营的方向发展，发达国家集中力量在最有利的地区营造速生丰产林，欧美国家强调树种要在一定的立地条件下表现出高产性、可靠性和可行性，其余地区造林兼顾防护与游憩的作用。发展中国家则从建造用材林转变为与当地人民群众利益关系更为密切的薪炭林、防护林和混农林业。他建议我国要紧跟世界发展脉搏，更精准地施策，拿出一定区域解决木材使用问题，发挥森林的游憩功能。实践证明这些思路都应用到了我国林业的后续发展中。

1991年，沈国舫参加了第十届世界林业大会，在讨论领域C中作了报告（图3-12）。回国后，他发表文章详细介绍了讨论领域C"森林和树木的社会、文化和景观功能"专题，"城市环境中的树木和绿地""城市—野地交接地带：大城市附近的未来森林经营""欧洲景观中的森林""森林、文化和社会"等。大力推动城市林业在我国的普及，组织召开了首届城市林业学术研讨会，成为中国"城市林业"分支学科的新起点。

从近30年我国林业发展来看，影响最为深远的莫过于沈国舫关于林业可持续发展的认识。20世纪90年代初，沈国舫通过多次出访世界林业科技先进国家，参加世界林业大会、联合国组织的北方及温带森林持续发展专家研讨会、美加林学会的联合年会等重要国际会议，深刻感受到世界各

国对森林可持续发展已经从理念认识转变到政策、教育、科研等方面的实践，他撰文介绍世界范围内对森林可持续发展的研究情况，列举了标准和指标。与此同时，我国的林业工作者还停留在"林木生长量与采伐量（消耗量）的平衡关系这个传统命题""对于林业持续发展问题接触较迟，外来信息也较少。甚至一些林业管理层，对于林业持续发展的理解还停留在木材永续利用的老框架内"。为此，他在多个场合大声疾呼，还经过深入思考，结合本土实际，提出现代高效持续林业理论，为实现我国林业科技与国际先进理念的并跑作出了卓越贡献。

## 二、向世界各国展示中国林业成就

改革开放后，我国森林资源状况也发生了巨大的变化，森林覆盖率、森林质量等指标显著提升，这对于我们这样一个人口众多、资源基础薄弱、森林经营历史较短的国家难能可贵，在世界林业发展史上也具有非凡意义。从20世纪80年代开始，沈国舫利用多次出访、参加学术会议的机会，向世界各国介绍我国造林成就和科技进展，成为中国林业享誉世界的闪亮名片。

1985年，在第九届世界林业大会上，沈国舫协助林业部三北局的一位领导，向公众宣讲了中国三北防护林建设的成就。

1990年，沈国舫赴加拿大蒙特利尔出席国际林业研究组织联盟世界大会，做题为 *Choice of Species in China's Plantation Forestry* 的报告，介绍我国在年均造林500万hm²，对造林绿化常用的200多种树种的合理化配置以达到最佳造林效果的经验，以及在为某些特定树种选择合适的种源或克隆体的问题上取得深入进展。

1991年，在第十届世界林业大会上，沈国舫做题为 *Techniques for Rehabilitation of Sylva-pastoral Ecosystem in Arid Zones* 的报告，介绍利用恢复有效的林牧生态系统的方法来防治荒漠化的做法和我国的"绿色长城项目"的重要实践。

2002年10月，沈国舫赴马来西亚吉隆坡参加亚太地区"Bring Back the Forests"研讨会，在会上做题为 *Forest Degradation and Rehabilitation in China* 的中国国家报告。介绍中国在20世纪下半叶为扭转森林砍伐和退化进程，实现森林资源一定程度的增长所做的再造林工作，向联合国粮食及农业组织的各个成员国介绍当时新启动的森林恢复保护工程，即天然林资源保护工程和退耕还林还草工程的情况，阐述了工程成功实施后所取得的积极成果。基于当地人民生活的幸福指数提升，提出了政策改进和实施改进建议。

## 三、考察国外林业情况为我所用

野外调研和实地考察是林业研究的基本方式，意义重大。沈国舫经常总结世界上林业发展比较好的国家的实地考察成果，如苏联、俄罗斯、美国、加拿大、日本、新西兰、瑞士、奥地利、捷克、德国等森林资源丰富、林业科技水平较高的国家，为我国林业提出过诸多有益建议（图3-13）。

一是坚持森林可持续经营理念，提高森林的质量和生产力。经过与林业发达国家的对比，沈国舫深深感受到我国的森林经营还有很长的路要走。2001年，他考察瑞士和奥地利，奥地利森林的单位面积蓄积量为292m³/hm²，我国仅为78.1m³/hm²；年平均生长量方面，奥地利为9.4m³/hm²，我国仅为3.3m³/hm²。在森林生产力巨大差距的背后，是森林经营的问题，核心的观点是如何处理好森林的"保护和利用"的关系。例如，瑞士和奥地利没有把森林防护和采伐对立，在充分发挥森林的防护作用的同

图3-13　2011年，沈国舫（右）与中国环境与发展国际合作委员会外方首席顾问汉森博士一起考察加拿大森林

时，森林利用仍然维持在相当高的水平；而新西兰在大力发展人工林的同时仍然允许部分天然林采伐。树立好可持续经营的理念尤为重要，如瑞士和奥地利，始终认为木材是可再生的生态友好的原材料，是自然的恩施而应加以积极审慎的利用；加拿大则善于把握自然资源可持续发展的主体原则，把生态保护以及木材生产、加工和出口等统筹思考。

二是生态、环境、森林资源的管理法治化模式。沈国舫认为林业科学技术水平的提高仅仅是技术层面，而能够保证林业可持续发展的有效措施，则是林业的法治化建设，要重视立法、执行、监管、奖惩等各个环节。如在考察加拿大落基山脉国家公园后，对比我国的生态旅游，他认为加拿大的一些生态保育措施都有明确的法律依据并严格执行，搞生态旅游就应严格地做；反观我国，一些国家和地方的森林公园和风景区，一旦开放旅游，就会出现短视的过分市场化倾向。新西兰、奥地利、瑞士和捷克等国家十分重视政策制定的法律依据，执行制度方面也有十分严格的规定。如在控制大面积采伐森林的负面影响方面，瑞士、奥地利等国把重点放在对限制性规定的制定上，包括采伐年龄的限定、采伐方式的限定、集材方式及采伐剩余物处置的规定、林道建设标准的规定等。

三是借鉴各国对于禁伐的主要态度和具体措施。瑞士、奥地利、捷克等欧洲国家都经历了天然林破坏殆尽的过程，痛定思痛后又重视天然林的保护和森林的可持续经营，经过百年的历程，逐步走上了适宜本国林业发展的道路。从各国森林资源恢复的经验来看，各国大多没有把禁伐放在重要位置上，一般对自然保护区、风景名胜区的一些特殊地方采取禁伐，面积也是有限的。如新西兰会采取"分类经营"的方式，保护天然林的同时，也持续木材利用，采取优化天然林结构、促使其发挥森林生态功能的必要举措，抚育伐、卫生伐和附加补植珍贵树种的林分改造等。相比之下，沈国舫指出，我国的天然林保护，要反思有没有急于求成、范围扩大的毛病；有没有把采伐简单地视为"洪水猛兽"，把禁伐代替一切的偏向；有没有忽视林区群众实际利益，以行政命令作为主要实施手段的问题。不要把"生态保护"当作"保命""保位"的挡箭牌，而要采用更积极的思维。欧洲的森林经营了二三百年，在资本主义发展初期也遭受过严重冲击，经过近百年修复，现已进入正常的可持续经营状态。在修复过程中，并没有停止采伐，只不过执行了更严格的控制措施（采伐量、采伐区域、采伐方式等）。我们应该从中得到一些启示。

沈国舫伴随着中国林业走过70多年的风雨历程，经历了20世纪50年代学习苏联，80年代学习欧美的过程。在以沈国舫为代表的我国林业工作者的不懈努力下，今天可以站在较高的平台来重新审视林业，自豪地说我们如今可以平视世界各国的林业发展。虽然他们面对的是全世界最复杂多样林业局面，但我国有最先进生态文明理念作为指导，有最全面的绿化体系和工程建设，在继承本国文化传统、广泛吸收国外先进科技知识和做法、自身积累了70多年的正反两方面的经验基础上，我国的林业事业已经站在了世界先进的平台上，我国的林业工作者正在书写着属于自己的灿烂篇章。

## 参考文献

陈俊生. 关于大兴安岭特大森林火灾事故和处理情况的汇报[J]. 中华人民共和国国务院公报, 1987(15): 525-533.

关兴. 绿化太行，改善生态，富山保川: 绿化太行山规划论证会在太原市召开[J]. 林业科技通讯, 1984(9): 32-33.

国家林业局退耕还林办公室. 退耕还林: 环境与经济效益双收[EB/OL]. (2018-03-20) [2021-08-19]. http://www.forestry.gov.cn/portal/main/s/435/content-1084406.html.

国务院大兴安岭灾区恢复生产重建家园领导小组专家组. 大兴安岭特大火灾

区恢复森林资源和生态环境考察报告汇编[M]. 北京: 中国林业出版社, 1987: 1-20.

侯元兆, 黄先峰. 论我国宏观林业理论创新研究体系[J]. 世界林业研究, 1999, 3: 1-4.

建设生态文明, 林业大有可为[EB/OL]. (2012-12-17) [2022-04-21]. https://www. cas.cn/xw/zjsd/201212/t20121217_3708892.shtml.

克拉伊聂夫. 大阿那道尔百年草原造林经验[M]. 沈国舫, 译. 北京: 中国林业出版社, 1957.

六位院士解读"东北水资源"重大咨询项目[EB/OL]. (2006-03-09) [2022-04-20]. https://www.cas.cn/xw/zyxw/yw/200906/t20090629_1860123.shtml.

拉夫利宁柯. 乌克兰的造林类型[M]. 沈国舫, 译. 北京: 中国林业出版社, 1959.

齐芳. 桉树不能不种也不能"大"种[EB/OL]. (2005-05-24) [2022-04-24]. https://www.gmw.cn/01gmrb/2005-05/24/content_237423.htm.

齐莫费也夫. 林分的密度和成层性是提高林分生产力的条件[J]. 沈国舫, 译. 林业科学, 1960(3): 249-261.

沈国舫. 把营林工作的重点转移到以提高森林生产力为中心的基础上来[J]. 林业月报, 1997(5): 3.

沈国舫. 北方及温带森林的持续发展问题: CSCE北方及温带森林持续发展专家研讨会情况介绍[J]. 世界林业研究, 1994(1): 18-24.

沈国舫. 编制立地条件类型表及制定造林类型的理论基础[M]//中华人民共和国林业部造林设计局. 编制立地条件类型表及设计造林类型: 造林设计资料汇编(第2辑). 北京: 中国林业出版社, 1958: 17-25.

沈国舫. 不能再以拼资源、毁环境来求发展[EB/OL]. (2006-03-08) [2022-04-19]. http://news.sohu.com/20060308/n242188972.shtml.

沈国舫. 从美国林学会年会看林业持续发展问题[J]. 世界林业研究, 1995(2): 36-37.

沈国舫. 大兴安岭1987年特大火灾后的生态环境变化及森林更新进展[C]//姜家华, 黄丽春. 海峡两岸生物技术和森林生态学术交流会论文集.台北: [出版者不详], 1997: 378-385.

沈国舫. 对世界造林发展新趋势的几点看法[J]. 世界林业研究, 1988, 1(1): 21-27.

沈国舫. 发展速生丰产林有关的几个问题[M]. 《一个矢志不渝的育林人: 沈国舫》编委会: 一个矢志不渝的育林人: 沈国舫. 北京: 中国林业出版社, 2012: 169.

沈国舫. 关于林业作为一个产业的几点认识[J]. 中国林业产业, 2004(1): 1-3.

沈国舫. 黄土高原生态环境建设与农业可持续发展战略研究综合报告[M]//中国工程院农业、轻纺与环境工程学部. 中国区域发展战略与工程科技咨询研究. 北京: 中国农业出版社, 2003: 121-133.

沈国舫. 加拿大落基山脉生态保育考察报告[M]//中国工程院"新时期国家生态保护和建设研究"课题组. 新时期国家生态保护和建设研究. 北京: 科学出版社, 2017: 363-365.

沈国舫. 加速绿化太行山学术考察报告[C]//中国林学会. 造林论文集. 北京: 中国林业出版社, 1987: 10-16.

沈国舫. 瑞士、奥地利的山地森林经营和我国的天然林保护[N]. 中国绿色时报, 2001-11-16(4) .

沈国舫. 森林的社会、文化和景观功能及巴黎的城市森林[J]. 世界林业研究, 1992(2): 7-12.

沈国舫. 森林生态保护须更新认知[N]. 中国科学报. 2020-08-24(1).

沈国舫. 生物碳增汇减排战略[EB/OL]. (2010-10-29) [2022-04-20]. http://jrla. lanews.com.cn/Article/index/aid/574087.html.

沈国舫. 时代的呼唤: 谈谈森林的持续发展[J]. 森林与人类, 1994(2) : 4-5.

沈国舫. 实施森林科学经营, 振兴东北林业基地[M] //《一个矢志不渝的育林人: 沈国舫》编委会. 一个矢志不渝的育林人: 沈国舫. 北京: 中国林业出版社, 2012: 400.

沈国舫. 实现人与自然和谐发展应解决六大问题[EB/OL]. (2006-03-08) [2022-04-19]. https://www.chinanews.com.cn/news/2006/2006-03-08/8/700326.shtml.

沈国舫. 天然林保护工程与森林可持续经营[J]. 林业经济, 2009(11): 15-16.

沈国舫. 西北地区退耕还林还草的选向问题[Z]. 北京: [出版者不详], 2000: 1-3.

沈国舫. 西部大开发中的生态环境建设问题: 代笔谈小结[J]. 林业科学, 2001, 37(1): 1-6.

沈国舫. 现代高效持续林业: 中国林业发展道路的抉择[J]. 世界科技研究与发展, 1998(2): 38-45.

沈国舫. 在"中国林业发展战略研究"成果向温家宝总理汇报会上的发言提纲[M]//《一个矢志不渝的育林人: 沈国舫》编委会. 一个矢志不渝的育林人: 沈国舫. 北京: 中国林业出版社, 2012.

沈国舫. 中国林业可持续发展及其关键科学问题[J]. 地球科学进展, 2000, 15(1): 10-18.

沈国舫. 中欧三国林业考察的印象和启示[M]//中国工程院"新时期国家生态保护和建设研究"课题组. 新时期国家生态保护和建设研究. 北京: 科学出版社, 2017:371.

沈国舫委员呼吁保护西南地区原始老林[J]. 政协信息, 1996(53): 1-2.

孙鹏. 国家储备林: 为未来储备绿色宝藏[J]. 绿色中国, 2019, (19): 32-35.

田新程. 国家储备林, 美丽中国的未来保障[EB/OL]. (2016-02-26) [2022-04-24]. http://www.greentimes.com/green/zhly/content/2016-02/26/content_340892.htm.

王兮之. 桉树, 只是一种树?: 从中美贸易摩擦看桉树的过去、现在和未来[N]. 中国绿色时报, 2018-10-09(4) .

委员解读十三五规划建议: 在环保和生存之间找到最佳平衡点[EB/OL]. (2015-11-11) [2022-04-12]. http://www.rmzxb.com.cn/c/2015-11-11/619503_3.shtml.

"西北水资源"项目生态环境建设考察组. 对陕西、宁夏的天然林保护和退耕还林情况的考察报告(沈国舫执笔) [R]//钱正英. 西北地区水资源配置、生态环境建设和可持续发展战略研究简报. [出版地不详: 出版者不详], 2002: 28.

谢开飞. 科学经营森林才能"生绿"又"生金"[EB/OL]. (2019-09-20) [2022-04-19]. http://www.ce.cn/cysc/stwm/gd/201909/20/t20190920_33189199.shtml.

赵彦. 期待西部山川秀美时: 第153次香山科学会议研讨"西部大开发中的林草植被建设问题"[N]. 科学时报, 2001-12-08(3) .

郑婷. 实施天然林保护工程 维护国家生态安全: 访中国工程院院士沈国舫[J]. 绿色中国, 2011(10): 14-18.

中国林学会. 造林论文集[C]. 北京: 中国林业出版社, 1987: 10-16.

中国绿色时报. 中国, 40%是草原[EB/OL]. (2010-10-29) [2022-04-20]. http://www.forestry.gov.cn/main/5462/20210311/115701724435306.html.

SHEN Guofang. Choice of species in China's plantation forestry[J]. Journal of Beijing Forestry University, 1992, 1(1): 15-24.

SHEN Guofang. Forest degradation and rehabilitation in China[C]//FAO Regional Office for Asia and the Pacific.Bringing Back the Forests: Policies and Practices for Degraded Lands and Forests, Proceedings of an International Conference. Bangkok: FAO RAP, 2003: 119-125.

SHEN Guofang. WANG Xian. Techniques for rehabilitation of sylva-pastoral ecosystem in arid zones[C]. FAO. The 10th World Forestry Congress proceedings. Paris: [s.n.], 1991: 265-271.

# 第四章

# 构建，具有中国特色的
# 森林培育学体系

图 4-1　2011 年，沈国舫再看 1956 年引种的红栎

　　森林是具有古老历史且十分复杂的概念。沈国舫曾这样解释森林："森林，在中国汉字中包含五个木，明显表示由众多树木组成的。独木不成林，丛聚的树木才是林，繁密的树林才是森。"森林的复杂特征还体现在强烈的地域性，受到纬度和海拔影响等，森林研究往往只能应用于某国或某个地区，"有关森林培育的各种理论和技术就是根据所在地区自然条件提出的。这种森林培育理论和技术适用地区的局限性，连著名的林学家 David M.Smith（美国耶鲁大学林业与环境研究学院教授）也非常坦率地承认，说他的书只适用于北美洲地区。"研究生长在中国本土的森林、出版中国人自己的森林培育学教材、建立和发展我国本土的森林培育学科，就成为一代一代育林人孜孜以求的梦想（图4-1）。

# 第一节

# 我国森林培育学教材的历史回顾

森林培育学作为林学下设的一门主干二级学科，是林学的基础，森林培育学的发展历史反映了我国林学从无到有、从弱到强的过程。教材编撰是学科建设的重要标志，教材的自主编写与迭代更新体现出教育教学水平的不断提高。1865年，德国人约翰·海因里希·科塔编写《森林培育学导论》（*Anweisung zum Waldbau*），全面丰富地阐释了森林培育学。人类开始理性而系统地改造森林，并加以总结延续。相比之下，我国森林培育学教材编写起步较晚，直到20世纪初才有所涉猎。

## 一、新中国成立前我国造林论著的基本情况

民国时期，多位学者发表植树造林的论著，秉志于1915年在《科学》杂志上发表《说树》和《种树》，毓甫在1917年于《中华实业界》上发表《沙丘种树法》，等等，起到了传播造林知识的作用，同时也为我国早期造林学教材的编写积累了一定的素材（表4-1）。

表4-1 民国时期关于造林的研究论文一览表

| 发表时间 | 作者 | 文章名称 | 刊物名称 | 备注 |
|---|---|---|---|---|
| 1924 年 | 林刚 | 造林选择树种之意见 | 农林新报 | |
| 1924—1925 年 | 云五 | 主要树种造林法 | 安徽实业杂志 | |
| 1926 年 | 岑伯英 | 竹之栽培法 | 农事月刊 | |
| 1928 年 | 傅思杰 | 广东荒山造林之主要树木 | 农声 | |
| 1931 年 | 张海秋 | 重要树种造林法 | 国立中央大学农学院旬刊 | |
| 1924 年 | 陈植 | 为热心营林者进一解 | 中华农学会报 | 谈种植桉树、黄金树的教训 |
| 1934 年 | 李寅恭 | 松栎混交林之危险性 | 中华农学会报 | |
| 1934 年 | 将蕙荪 | 松毛虫与造林树种问题 | 中华农学会报 | |

20世纪初，我国的农林类院校大多采用外国学者编著的教材。如山西农林学堂选用由日本在华学者编写的《造林学》《森林统计学》《植物病理》以及《林学大意》，这是目前所见的我国使用的第一套系统的现代林学教材。到20世纪30年代，我国学者编写的造林学教材陆续出版。1933年，金陵大学陈嵘教授编著《造林学概要》《造林学各论》；1944年，郝景盛教授编著《造林学》；陈植在20世纪30年代编写、1949年出版《造林学原论》：这些教材均系统论述了造林的理论技术，显示了中国近代造林科学技术古今结合、中西结合、理论与实际结合的特色。

下面仅以陈嵘的《造林学概要》为例略做分析（表4-2）。该书是陈嵘以中国的森林地理条件和造林树种为基础编写而成的，1933年2月出版第1版，后又陆续修订至第6版。同时，陈嵘还编写了《造林学各论》以备补充使用。对于章节的安排，陈嵘在《造林学》的序言中写道："本书初稿原系民国初年之造林学讲义，其后参考Mayr的*Waldbau auf Naturgesetzlicher Grundlage*、Toumey的*Seeding and Planting*等多本造林学著作，以及高秉坊、林刚合编的《造林学讲义》等书。"文章编排上，该书与陈嵘的老师本多静六的《造林学要论》极为相似。在增订的版本中，陈嵘增加了诸多内容，如1951年出版的第6版中，增加了林业与改造自然、苏联与欧洲

表 4-2 《造林学概要》（陈嵘）目录

| 编 | 章 |
| --- | --- |
| 第1编 绪论 | 第1章 森林及林业 |
| | 第2章 森林种类 |
| | 第3章 森林学 |
| | 第4章 森林之利用 |
| | 第5章 世界林业之趋势 |
| 第2编 造林学原论 | 第1章 造林学之内容 |
| | 第2章 林木生长之天然要素 |
| | 第3章 森林树木 |
| | 第4章 各种造林法之得失 |
| | 第5章 作业法之种类及选择 |
| | 第6章 林木之抚育 |
| | 第7章 林地及护养 |
| 附录 森林法 | |

图4-2 《造林学》(郝景盛)封面

民主国家森林及林业发展近况两章节；并且在余论中加入了雨季造林、沙荒造林与育苗、李森科簇播造林法、苏联顿河地区造林及森林更新、中国台湾营造海岸林及耕地防风林等资料，突出了教材的时效性。

郝景盛先生的《造林学》内容宏大，采用了理论和实践并重的方式。上篇为生态，详细论述了与森林相关的各种元素的关系；下篇为技术，主要是林相种类、森林创立、森林抚育和森林作业（图4-2）。内容比较完备，但是措施设计不甚具体。郝景盛留学德国，因此书中大量使用了德国的资料，这对于国人开阔眼界也是十分重要的。

## 二、20世纪50—60年代我国的造林学教材

新中国成立后，我国造林学主要学习苏联经验，虽然有"一边倒"的政策使然，但同时也要看到苏联林业科学技术的领先之处：苏联地域广博、林木资源丰富、造林成功经验丰富，如"斯大林改造大自然计划"，取得了一定的效果。因此，新中国成立之初我国翻译了大量苏联教科书（表4-3）。

表4-3　20世纪50年代我国翻译的苏联林学教科书

| 书名 | 作者 | 原著出版年份 | 翻译年份 | 翻译者 | 出版社 |
|---|---|---|---|---|---|
| 造林学 | 萨保罗夫斯基 | 1948年 | 1953年 | 王书清（第1分册、第2分册）；何毓德、王书清、胡绮文（第3分册） | 中国林业出版社 |
| 造林学 | 奥基耶夫斯基 | 1949年 | 1954年 | 周祉、王书清、田惠兰、吴保群、张桦龄、裴宝华 | 中国林业出版社 |
| 造林学（上） | 普列奥布拉任斯基 | 1956年 | 1956年 | 北京林学院翻译室造林组 | 中国林业出版社 |
| 造林学（下） | 普列奥布拉任斯基 | 1957年 | 1957年 | 北京林学院翻译室造林组 | 中国林业出版社 |
| 森林学 | 特卡钦柯 | | 1957年 | 北京林学院 | 中国林业出版社 |
| 森林学（第3版） | 柯尔比科夫 | 1954年 | 1956年 | 郭孝仪、华国昌、毛士田、何文津、张希闻、王永淦、徐国桢、田惠兰、王瑜、周祉等 | 中国林业出版社 |
| 林学概论 | 聂斯切洛夫 | 1949年 | 1953年 | 蔡以纯、吴保群、张华龄 | |
| 森林学（林学概论第2版） | 聂斯切洛夫 | 1954年 | 1957年 | 蔡以纯、吴保群、张华龄（原译）；徐化成、赵克绳、周祉（校订） | 中国林业出版社 |
| 森林学（第5版） | 爱金格 | 1953年 | 1958年 | 郭孝仪、李伯洲 | 高等教育出版社 |
| 森林学中的几个问题 | 柯尔比科夫 | 1958年 | 1958年 | 郑世锴、刘鸿谔（译）；熊文愈（校） | 中国林业出版社 |

　　这些书籍大大开阔了我国林业科技工作者的眼界，也让他们直观感受到了差距。此外，我国还邀请苏联林业专家来华讲学，在带来苏联林学教育理念和方法的同时，也结合中国实际留下了珍贵的教育教学资料，成为新中国成立后我国最早一批林业教材编写的重要范本。如苏联著名造林学家普列奥布拉任斯基1955—1957年来到北京林学院做过为期2年的教学实践活动，柯尔比科夫于1957年4—7月赴南京林学院讲学，为我国林业界留下《造林学》和《森林学中的几个问题》等讲义。正如北京林学院教授汪振儒在《造林学》（上册）（普列奥布拉任斯基版本）的序言中指出：

"这种既有苏联先进理论，又结合我国实际情况的编写方式，也为我们的专家将来自己编写教本时，树立了楷模。"由此可见，从20世纪30年代开始，我国森林培育学（造林学）教材进入了学习国外经验，翻译、编写相交织的过程，进入了先学德日美、再学苏联的过程。

在实践过程中，我国林业工作者也发现了苏联教材的一些问题，如苏联与我国的地理环境差别较大，特别是纬度不同带来的气候差异，教科书中的很多树种是无法在国内条件下生存的；对于当时国内生产水平不了解，脱离了我国的生产实际，苏联教材很难满足我国林业高等院校的教学需要。1957年，我们开始筹划编写中国自己的教材，当时分为南方组和北方组分头进行，南方组由南京林学院的马大浦教授带队。该本《造林学》于1959年出版，分为4篇：第1篇种子经营（共8章）；第2篇苗圃经营（共9章）；第3篇人工造林（共12章）；第4篇主要树种的造林，包括针叶树类7种、阔叶树类22种和毛竹等。这本书是新中国成立后根据中国实际情况自主编写的第一本造林学教材。面向华北和西北片区的北方组教材当时只有初稿，未完成出版。

到了1961年，北京林学院造林学教研组按照教育部要求，编写林业专业全国统编教材，一套教材分为3本：《森林经理学》是于政中担任编写组长；《森林学》由徐化成担任编写组长；《造林学》由沈国舫担任编写组长。这是第一本全国统编教材《造林学》，分为4篇，沈国舫负责第3篇林木栽培并编写了树种各论的多个树种，完成全书的统编。其他3篇，第1篇林木种子由梁玉堂编写；第2篇育苗由宋廷茂编写；第4篇主要树种的造林由王九龄编写。这本教材在当时已经反映我国造林学方面的诸多成就，满足了当时教学生产的实际需要，标志着我国造林学进入能够自主编写教材、满足教学使用的阶段，具有里程碑意义。

### 三、20世纪80—90年代我国的造林学教材

20世纪60年代后我国的造林学教材编写一度陷入了停滞状态，1976年后开始逐步回归正轨。对于众多林业科技工作者来讲，新中国成立以来30年的植树造林、营林、利用等经验，迫切需要总结梳理，固化为书籍。中国林业科学研究院郑万钧有意编写一部包括主要树种造林各论的《中国主要树种造林技术》。年过70的郑万钧凭借他的威望和感召力，组织了27个省（自治区、直辖市）的200多个单位，共计500多人直接参与编写，汇聚了当时中国林业界的顶尖大腕，包括南京林学院的马大浦和李传道、福建林学院的俞新妥、中国科学院沈阳林业土壤研究所的王战、中国林业科学研究院的萧刚柔。沈国舫和山东

农业大学许慕农作为郑万钧的助手，完成了全书统稿。全书包括了全国各地的210个主要造林树种，绝大多数是我国乡土树种和珍贵的优良树种，补充了主要树种造林各论，极大地丰富了我国造林学的教材体系。

1978年8月，全国高等林业院校林业专业教材工作会议在昆明召开。会上，专家对《造林学》教材大纲提出了很多重要的意见和建议。特别是由于长期受苏联林业教育的影响，《造林学》只涵盖人工造林的全过程，但把林木后期的培育割裂开，这并不能全面展示森林培育的全过程，教育教学不够完整。会议研究决定把森林抚育和森林主伐的内容纳入《造林学》，编写全新版的《造林学》。由北京林学院造林学教研室主抓，孙时轩担任主编，黄宝龙、沈国舫和陈大珂任副主编，沈国舫负责第3篇森林营造。《造林学》于1981年正式出版，引起了广泛反响。这本书于1987年获得林业部优秀教材一等奖，1988年获得国家教育委员会"全国高等学校优秀教材奖"，是造林学教材历史上新的里程碑。

到了20世纪80年代后期，《造林学》（1981年版）有了修订的需要，林业部仍然委派北京林业大学对教材进行修订。孙时轩担任主编，编写第1篇和第2篇的1～4章；沈国舫编写第3篇的15～18章和23章；王九龄编写第3篇的19～22章；罗菊春编写第4～5篇的24～35章。该书于1992年出版，引入了一些先进的科技成果和技术案例，但体例上没有大的变化。1993年，沈国舫和黄枢共同主编《中国造林技术》，堪称《中国主要树种造林技术》的姊妹篇，是一本分林种撰写的反映中国造林实践经验的专著。

## 四、《森林培育学》新版教材的诞生与发展

20世纪80年代末期，全国科学技术名词审定委员会林学分会开展《林学名词》审定工作，专家们经慎重考虑，决定把与英文silviculture和德文waldbau相对应的名词定为"森林培育学"，简称"育林学"。沈国舫担任第四届全国科学技术名词审定委员会委员，林学名词审定委员会主任，是"森林培育学"更名的重要推动者。改名之后，他还多次撰文阐释"森林培育学"的概念和意义，在多个场合接受采访或做报告宣传讲解。到了90年代中期，新的学科分类方案中，"森林培育学"正式替代"造林学"作为林学的二级学科，"九五"教材编写计划中也正式列上《森林培育学》。至此，森林培育学正式登上历史舞台。

2001年，沈国舫结合中国林业发展的需求，主持编写了我国第一部《森林培育学》教材，这是完完全全的中国人自己的森林培育学教材，沈

国舫任主编，罗菊春、翟明普任副主编，编委为马履一、王礼先、刘勇、李吉跃、贾黎明等。这本教材是森林培育学的开山之作，首次将森林培育学原理单列成章，形成了理论阐释，并对森林培育工程国家项目单独成篇作为总结，在充分吸收国内外森林培育理论实际的基础上，又在实践中结合了国家林业建设方面的创新成就和经验积累，形成了理论到实践的完整统一，在森林培育界乃至林业界具有广泛的影响，成为21世纪森林培育学的里程碑。

2011年，沈国舫主持了《森林培育学》（第2版）的编修工作，在第1版基础上充实了理论和实践成就，增加了反映能源林、碳汇林、城市森林、风景游憩林发展情况的内容。2016年，由翟明普、沈国舫主编的第3版教材，以及2021年，由翟明普、马履一任主编的第4版教材，基本是在第2版的体例基础上进行了若干修改和案例补充（表4-4）。

表4-4　我国自主编写的《造林学》《森林培育学》全国统编教材

| 时间 | 名称 | 主编 | 出版社 | 备注 |
|---|---|---|---|---|
| 1961年 | 造林学 | 北京林学院造林教研组 | 中国农业出版社 | 沈国舫任编写组长 |
| 1981年 | 造林学 | 孙时轩 | 中国林业出版社 | 沈国舫任副主编 |
| 1992年 | 造林学（第2版） | 孙时轩 | 中国林业出版社 | 沈国舫任副主编 |
| 2001年 | 森林培育学 | 沈国舫 | 中国林业出版社 | |
| 2011年 | 森林培育学（第2版） | 沈国舫、翟明普 | 中国林业出版社 | |
| 2016年 | 森林培育学（第3版） | 翟明普、沈国舫 | 中国林业出版社 | |
| 2021年 | 森林培育学（第4版） | 翟明普、马履一 | 中国林业出版社 | 沈国舫任特邀编委 |

第二节

## 《造林学》和《森林培育学》的比较分析

自20世纪50年代末期开始，沈国舫主持和参与了新中国成立之后我国林业界独立编写的各个版本《造林学》和《森林培育学》。这些教材代表了各个时代我国森林培育学的发展方向，具有重要的研究价值。《造林学》（1961年版）是我国第一本自主编写的全国统编造林学教材；《造林学》（1981年版）是我国改革开放后影响较大的造林学教材；《森林培育学》（2001年版）是森林培育学的开山之作；《森林培育学》（2011年版）则是教学体系日臻完善成熟的代表作。选择上述教材做比较分析，可以清晰地看到沈国舫对森林培育学理解的逐步加深和对森林培育学教材建设付出的心血。

### 一、《造林学》（1961年版）的体例和特点

《造林学》（1961年版）的体例与内容上基本与苏联教材相同（表4-5）。前3篇对应造林学本论，包括主要理论和实践内容，按照"种子—育苗—造林"的逻辑来编排。第4篇对应造林学各论，主要编写当时可以收集到的我国主要树种的造林技术和相关经验。沈国舫主笔第3篇林木栽培和第4篇的一些树种。

教材编写水平反映了所处时代的科技状况。20世纪50年代，我国林业科技处于起步阶段，林业资料十分稀少。曾在北京林学院教学的普列奥布拉任斯基曾说："我对中国森林植物条件几乎不了解，我仅仅从书本上看到一些材料，显然这是非常不够的。既然对中国的森林植物条件缺乏实际的研究，当然就很难提出森林经营措施。根据分给我们的时间来看，要克服这个缺点几乎是不可能的。"在相关资料如此贫乏的情况下，沈国舫坚持突出反映我国本土特色，在多个章节开拓创新，编写符合我国实际需要的教材。

## 表 4-5 《造林学》(1961年版)目录

| 篇 | 章 |
|---|---|
| 第1篇 林木种子 | 第1章 林木结实规律 |
| | 第2章 种子林 |
| | 第3章 种实产量测定 |
| | 第4章 种子品质鉴定 |
| | 第5章 采种 |
| | 第6章 种实的处理 |
| | 第7章 种实的贮藏 |
| | 第8章 种子催芽 |
| 第2篇 育苗 | 第1章 苗圃的建立 |
| | 第2章 壮苗的条件与苗木年生长规律 |
| | 第3章 整地、轮作和施肥 |
| | 第4章 播种苗的培育 |
| | 第5章 营养繁殖苗的培育 |
| | 第6章 移植苗的培育 |
| | 第7章 苗木出圃 |
| | 第8章 苗粮间作 |
| 第3篇 林木栽培 | 第1章 人工林的种类及其生长发育规律 |
| | 第2章 造林区划及造林地 |
| | 第3章 造林树种选择 |
| | 第4章 人工林的密度和配置 |
| | 第5章 人工林的组成、混交、间作与轮作 |
| | 第6章 造林地的整地 |
| | 第7章 造林方法 |
| | 第8章 人工幼林的抚育管理 |
| | 第9章 低价值林分改造 |
| | 第10章 几个主要地区的造林特点 |
| 第4篇 主要树种造林 | 第1章 油松 |
| | 第2章 红松 |
| | 第3章 落叶松 |

| 篇 | 章 |
|---|---|
| 第4篇 主要树种造林 | 第4章 杉木 |
| | 第5章 侧柏及柏木的造林 |
| | 第6章 杨树 |
| | 第7章 橡栎类 |
| | 第8章 刺槐 |
| | 第9章 臭椿 |
| | 第10章 泡桐 |
| | 第11章 檫树 |
| | 第12章 桉树类 |
| | 第13章 其他阔叶用材树种的造林 |
| | 第14章 毛竹的造林 |
| | 第15章 核桃 |
| | 第16章 板栗 |
| | 第17章 油茶 |
| | 第18章 油桐 |
| | 第19章 桑树 |
| | 第20章 其他特用经济树种的造林 |

在理论层面，沈国舫结合当时我国林业发展状况，在多方面深化创新。第一，反映了人工林的生长发育规律，阐明了人工林在不同的生长发育时期有不同的生态学和林学特性，需要采用不同的栽培技术措施。列举了油松和杉木一南一北两种树种的生长发育阶段的特征和采取的造林任务，对我国人工林营造具有重要的指导意义（表4-6）。第二，对造林地的立地条件分析更为深入。从造林地的森林植物条件和环境状况进行分析。森林植物条件分析了光、热、水分、养分，并阐明了植物条件类型的划分方式；环境状况则分析了林冠下的造林地、林地上已有更新但组成上或数量上不能完全满足需要的造林地、尚未天然更新的森林迹地、长期未长森林或从未生长过森林的造林地等类型。第三，理论上提升了对适地适树的认识，沈国舫首次将适地适树写入教科书，深刻地指出适地适树虽然看起来是"地"与"树"的关系，实质上则是人利用自然力的手段之一，

表 4-6　油松和杉木人工林生长发育阶段简明表

| 分类 | 林分生长发育阶段 | 林分生长发育特征 | 造林工作任务 |
|---|---|---|---|
| 油松用材林林分生长发育规律 | 幼林成活阶段 | 发芽期或缓苗期，生根或根系愈合再生，幼苗抵抗力弱，地上部分生长缓慢，尚未形成树冠 | 争取达到很高的成活率及根系的健壮生长 |
| | 幼林郁闭前阶段 | 个体生长稳定期，根系继续迅速生长，已形成树冠，地上部分生长逐渐加速，幼林先行内后行间进入郁闭 | 争取达到很高的保存率及个体的健壮生长，使幼林及时全部郁闭 |
| | 成林阶段 | 林木生长加速期及旺盛期，在前期由于郁闭创造了良好的生长条件，林分生长稳定，在后期由于过密而林木分化，生长不稳定 | 争取林分在郁闭的条件下快速生长，再后应通过抚育伐来调节密度，保证个体获得足够的营养面积 |
| | 壮龄阶段 | 林分生长稳定期，材积生长量处于"高峰"，干形稳定 | 促进树干的直径及材积的旺盛生长，以达到提前成材及林木丰产的目的 |
| 杉木用材林林分生长发育规律 | 根系生长发育阶段 | 幼树根系生长发育旺盛，直径和树高生长缓慢，没有树冠或树冠很小 | 创造适宜幼树根系生长发育的土壤条件 |
| | 林木速生阶段 | 树木进入郁闭，开始群体生长，林木的直径和树高生长旺盛，出现连年生长高峰 | 创造林木直径和树高连年生长的最大值和较长的速生连续期的条件 |
| | 干材生长发育阶段 | 林木郁闭度减小，林木直径和树高按一定比例生长 | 创造培育树干圆满少节的良材条件 |

是人合理利用自然力的重要场所，经过人力的科学改造，达到"地"与"树"的平衡。第四，在我国林业界首次总结了几个地区的人工造林特点。包括东北林区、华北高寒山区、华北石质山地地区、华北平原地区、黄土高原丘陵地区和南方山地等。

在实践层面，沈国舫反映了中国山地造林特有的整地方法。我国地貌特征多样，山地造林的整地方法具有独特的特点，沈国舫总结了山地整地的类型：其一是种植面与山坡斜面相平行的，种植面向外倾斜，如水平带状及斜块状整地；其二是种植面呈水平台状或稍向内倾斜，反坡一般不大于10°，如水平阶及一般山地块状整地；其三是整地断面呈沟状，种植点在向内倾斜的斜面上或沟底部，用水平沟、鱼鳞坑等整地方法。这些方法的总结不仅在我国林业界是首次，对别国的山地造林也有借鉴意义。

## 二、《造林学》（1981年版）的体例和特点

《造林学》（1961年版）出版后，得到了全国高校教育工作者和基层林业工作者的好评，不仅作为很多林业高校的教材，大量基层林业工作者也将其用作工具书。改革开放之后，国内形势发生变化，科学技术水平不断提高，编写新的造林学教材提到了议事议程。1978年在云南昆明召开了全国高等林业院校林业专业教材工作会议，探讨商定了教材大纲，确定由北京林学院造林学教研室牵头，采用全国专家分工合作的方式，邀请了北京林学院、南京林学院、东北林学院等9个高校的专家，包括王九龄、陈大珂、俞新妥、黄宝龙、蒋建平等21位国内具有扎实理论功底和丰富实践经验的教师参与编写。沈国舫担任副主编，负责编写第3篇森林营造（表4-7）。

表 4-7 《造林学》（1981年版）目录

| 篇 | 章 |
| --- | --- |
| 第1篇 林木种子 | 第1章 林木的结实 |
| | 第2章 采种母树林 |
| | 第3章 采种及调剂 |
| | 第4章 种子的贮藏 |
| | 第5章 林木种子品质检验 |
| | 第6章 种实的催芽 |
| 第2篇 苗木培育 | 第7章 苗圃的建立 |
| | 第8章 整地、轮作和施肥 |
| | 第9章 播种苗的培育 |
| | 第10章 营养繁殖苗的培育 |
| | 第11章 移植苗的培育 |
| | 第12章 苗圃化学除草 |
| | 第13章 苗木出圃和贮藏 |
| | 第14章 容器育苗及其环境控制技术 |
| 第3篇 森林营造 | 第15章 造林概说 |
| | 第16章 造林区划与造林地 |
| | 第17章 造林树种的选择 |

| 篇 | 章 |
|---|---|
| 第3篇 森林营造 | 第18章 造林密度和种植点的配置 |
| | 第19章 人工林的组成 |
| | 第20章 造林地的整地 |
| | 第21章 造林方法 |
| | 第22章 幼林抚育管理 |
| | 第23章 主要造林地区的造林特点 |
| 第4篇 森林抚育间伐 | 第24章 抚育间伐的基础 |
| | 第25章 抚育间伐的种类和方法 |
| | 第26章 抚育间伐的技术要素 |
| | 第27章 抚育间伐的效果和影响 |
| | 第28章 我国主要用材林的抚育间伐 |
| | 第29章 人工整枝 |
| 第5篇 森林主伐更新 | 第30章 皆伐与更新 |
| | 第31章 渐伐与更新 |
| | 第32章 择伐与更新 |
| | 第33章 主伐方式的选择与应用 |
| | 第34章 采伐工艺与更新 |
| | 第35章 矮林与中林作业 |
| 第6篇 次生林经营 | 第36章 次生林的发生及其重要性 |
| | 第37章 次生林的特点及类型 |
| | 第38章 次生林经营措施 |

昆明会议的成果是，《造林学》（1981年版）将森林抚育与森林主伐更新两部分内容重新纳入造林学中，使得造林学内容更加全面完整。第6篇编入了次生林经营，应是考虑到当时次生林在我国森林及林业生产中所占地位的重要性，以单篇编入；但这样的编排却从结构上显得突兀，逻辑并不清晰。

在森林营造这一篇目的编写中，沈国舫充分借鉴了他在1978年全国国营林场场长培训班的造林科技方面的长篇报告，选用了大量的西方发达国家及日本造林学的经验案例和最新成果，充分反映了新中国成立后到1978

年造林取得的经验，如利用当时能够收集到的资料，汇总了国外速生用材林的生长情况。在造林区划与造林地一章，沈国舫详细分析了造林地的立地条件，包括立地性能、各环境因子之间的相互关系、主导因子、定量概念和指标、立地条件的空间分布格式及演变规律等，内容更加细致全面，较《造林学》（1961年版）有巨大变化。

这本书的另一个特点反映在第23章主要造林地区的造林特点上，由于我国幅员辽阔，自然条件因地而异，差别较大，因此全国统编教材只能对造林的基本理论进行讲解，但涉及不同区域的造林，基本上都是有本地区立地特点的。相比于《造林学》（1961年版）着重介绍华北为主要地区的造林特点，《造林学》（1981年版）则对全国主要类型区域分别论述，包括东北地区、华北石质山区、华北及中原平原地区、南方山地、长江中下游水网地区、热带地区、西北黄土高原丘陵地区、蒙新干旱草原及灌溉地区、内陆沙漠地区、西南高山林区、云贵高原等。

### 三、《森林培育学》（2001年版）的体例和特点

进入21世纪，造林学迎来了全新发展，以造林学更名为森林培育学为标志，森林培育学科登上历史舞台。2001年，沈国舫担任主编，组织了一支编写队伍，包括罗菊春、翟明普、马履一、王礼先、刘勇、李吉跃、贾黎明等，其中大多数为沈国舫的博士研究生，编写我国第一本全国统编教材《森林培育学》（表4-8），全书采用了"原理—技术—工程"的全新编撰体例，成为我国森林培育学的开山之作，是我国森林培育学教材的里程碑。

表4-8 《森林培育学》（2001年版）目录

| 篇 | 章 |
| --- | --- |
| 第1篇 森林培育的基本原理 | 第1章 森林立地 |
| | 第2章 林种规划和树种选择 |
| | 第3章 林分的结构及其培育 |
| | 第4章 森林的生长发育及其调控 |
| 第2篇 森林培育技术（上）——人工造林 | 第5章 林木种子的生产和经营 |
| | 第6章 苗木培育 |
| | 第7章 植树造林 |
| | 第8章 农林复合经营 |
| | 第9章 苗圃总体规划设计与造林规划设计 |

| 篇 | 章 |
|---|---|
| 第3篇 森林培育技术（中）——森林抚育管理 | 第10章 林地及林木抚育管理 |
| | 第11章 森林抚育采伐（上） |
| | 第12章 森林抚育采伐（下） |
| | 第13章 林分改造 |
| 第4篇 森林培育技术（下）——森林收获作业法与森林更新 | 第14章 择伐作业与更新 |
| | 第15章 皆伐作业与更新 |
| | 第16章 渐伐作业与更新 |
| | 第17章 其他采伐作业法与更新 |
| | 第18章 森林采伐规划设计 |
| 第5篇 国家林业重点工程与森林培育 | 第19章 天然林保护工程与森林培育 |
| | 第20章 退耕还林还草工程与森林培育 |
| | 第21章 工业人工林基地建设工程与森林培育 |
| | 第22章 防护林体系建设工程与森林培育 |

### （一）厘清了森林培育学的理论基础

森林培育学是一门研究森林培育理论和实践的学科，以往《造林学》各版本的教材多是从实践技术层面展开，未在理论基础方面系统阐释。《森林培育学》（2001年版）（图4-3）开篇介绍了森林培育学的概念、范畴、发展历史、理论基础和技术体系，有助于学习者全面了解学科的理论体系，掌握学习时应具备的知识基础，是符合教育规律的。沈国舫主笔编写绪论部分，详细阐释了森林培育学的理论基础应包括生命科学，尤其是其中的植物学、生理学、遗传学、群落学等；环境科学，尤其是其中的气象学、地质学、水文学、土壤学等；以及把生物体及其群落与生态环境结合起来研究的生态学科。

### （二）突出了森林培育学的主干特征

全书去繁就简，突出森林培育学的主干特征，即在森林培育技术层面，分为人工造林、森林抚育管理、森林收获作业法与森林更新，完整地展示了森林培育学的全貌。学习者能够充分认识森林培育的全过程，包括林种规划与树种选择、森林立地条件、林木种苗培育、森林营造、森林抚育管理、森林生长成熟的收获与更新。这本书把一些技术层面的问题单独列入操作手册进行说明，使得全书概念更加清晰、行文更为紧凑。

图 4-3 《森林培育学》
（2001 年版）封面

（三）展示了国家林业重大工程

全书充分展示了我国林业重点工程取得的成绩，这一部分内容与时俱进，不仅让学习者能够充分认识到新中国的造林成绩，特别是改革开放之后的国家林业重点工程的非凡成效，也是思想政治教育的良好教材，书中介绍了天然林保护工程、退耕还林还草工程、工业人工林基地建设工程和防护林体系建设工程，突出了全书的实践性。

《森林培育学》（2001年版）是一本体现了中国林业人50多年科技教育奋斗历程的教科书，是一本可以和世界其他各国教材比肩的本土教材，充分体现了沈国舫森林培育学的思想精华。他曾经带着这本教科书与国际同行深度交流，如俄罗斯圣彼得堡林业大学的列契柯教授、美国耶鲁大学的史密斯教授、美国加州大学伯克利分校的赫尔姆斯教授、日本东京大学的佐佐木教授等，得到了国际同行的广泛认可，也充分显示了我国林学学术国际地位的提升。

## 四、《森林培育学》（2011年版）的体例和特点

2011年，为了适应科学技术发展的新需要，《森林培育学》教材顺应形势变化，进行了第2次修订，修订版本沿用了"理论—技术—工程"的体例，根据科学技术发展的需求，修订了森林培育技术的划分，形成林

木种苗培育、森林营造、森林抚育与主伐更新3篇，表意更为精准，涵盖学科内容也更加准确。新版教材增加了区域森林培育部分，充分适应森林培育的地域性特点，从《造林学》（1961年版）的仅仅撰写熟悉的一部分内容，到《造林学》（1981年版）的对有特征的立地类型进行分类撰写，再到《森林培育学》（2011年版）的独立成篇，对东北、华北、西北、华东、华南、西南等地区分章节论述，对我国幅员辽阔的国土范围内的不同立地条件的细致划分和精细研究，突显了我国森林培育学科的飞速进步（表4-9）。

### 表4-9 《森林培育学》（2011年版）目录

| 篇 | 章 | 节 |
|---|---|---|
| 第1篇 森林培育的基本原理 | 第1章 森林的生长发育及其调控 | 1.1 林木个体的生长发育 |
| | | 1.2 林木群体的生长发育 |
| | | 1.3 森林的生产功能及其调控 |
| | 第2章 森林立地 | 2.1 森林立地的基本概念和构成 |
| | | 2.2 森林立地分类和评价的理论基础 |
| | | 2.3 森林立地分类和评价方法 |
| | 第3章 造林树种选择 | 3.1 树种选择的意义 |
| | | 3.2 树种选择的基础 |
| | | 3.3 树种选择的原则 |
| | | 3.4 各树种对造林树种的要求 |
| | | 3.5 适地适树 |
| | 第4章 林分的结构及其培育 | 4.1 林分密度 |
| | | 4.2 种植点的配置 |
| | | 4.3 森林树种组成 |
| | | 4.4 林分空间结构描述 |
| 第2篇 林木种苗培育 | 第5章 林木种子 | 5.1 良种来源与生产 |
| | | 5.2 种实采集和调制 |
| | | 5.3 种子储藏与催芽 |
| | | 5.4 林木种子品质检验 |
| | 第6章 苗木培育 | 6.1 苗圃建立 |
| | | 6.2 苗木类型与苗木生长规律 |
| | | 6.3 露地育苗 |

| 篇 | 章 | 节 |
|---|---|---|
| 第2篇 林木种苗培育 | 第6章 苗木培育 | 6.4 工厂化育苗 |
| | | 6.5 苗木出圃与质量检验 |
| 第3篇 森林营造 | 第7章 造林技术 | 7.1 造林地分类 |
| | | 7.2 造林整地 |
| | | 7.3 造林方法 |
| | | 7.4 造林季节 |
| | 第8章 幼林抚育 | 8.1 幼林地抚育 |
| | | 8.2 幼林林木抚育 |
| | 第9章 林农复合经营 | 9.1 林农复合经营的意义与特征 |
| | | 9.2 林农复合经营的理论基础 |
| | | 9.3 林农复合经营系统的分类、结构及模式 |
| | 第10章 封山育林 | 10.1 封山育林历史 |
| | | 10.2 封山育林的概念 |
| | | 10.3 封山育林的特点 |
| | | 10.4 封山育林的作用 |
| | | 10.5 封山育林的措施 |
| | | 10.6 封山育林调查规划设计 |
| | | 10.7 封山育林的组织实施及档案的建立 |
| | 第11章 造林规划设计 | 11.1 造林规划设计概述 |
| | | 11.2 造林调查设计 |
| 第4篇 森林抚育与主伐更新 | 第12章 森林抚育采伐 | 12.1 抚育采伐的概念和目的 |
| | | 12.2 森林抚育的历史回顾 |
| | | 12.3 抚育采伐的理论基础 |
| | | 12.4 抚育采伐的种类和方法 |
| | | 12.5 抚育采伐的技术要素 |
| | 第13章 林分改造 | 13.1 林分改造的意义 |
| | | 13.2 低效林及其分类 |
| | | 13.3 低效林的形成与改造 |
| | 第14章 森林收获与更新 | 14.1 森林收获与更新的意义和分类 |
| | | 14.2 森林更新方式 |
| | | 14.3 择伐与更新 |

| 篇 | 章 | 节 |
|---|---|---|
| 第4篇 森林抚育与主伐更新 | 第14章 森林收获与更新 | 14.4 渐伐与更新 |
| | | 14.5 皆伐 |
| 第5篇 区域森林培育与林业生态工程 | 第15章 区域森林培育 | 15.1 东北地区森林培育特点 |
| | | 15.2 华北地区森林培育特点 |
| | | 15.3 西北地区森林培育特点 |
| | | 15.4 华东地区森林培育特点 |
| | | 15.5 华南地区森林培育特点 |
| | | 15.6 西南地区森林培育特点 |
| | 第16章 林业生态工程与森林培育 | 16.1 林业生态工程概述 |
| | | 16.2 天然林保护工程 |
| | | 16.3 退耕还林工程 |
| | | 16.4 速生丰产林工程 |
| | | 16.5 重点地区防护林体系建设工程 |
| | | 16.6 其他林业工程 |

《森林培育学》（2011年版）的另一个显著特征是，沈国舫深入剖析了我国森林培育的状况，展望未来发展方向。为了让林业科技工作者和广大在校师生能够更加全方位、更为深入地了解林业的生产实践现状和科技发展前沿，他有意编写一本介绍森林培育学热点问题和发展方向的参考书。但因种种原因，并未成形。他在绪论中作了阐释，指出存在的问题，包括：对地理（立地）多样性认识不足和处置失当；对维护生物多样性的要求认识不足和处置失当；关于处理好森林保护和森林培育的关系；关于处理好森林数量和质量的关系；关于培育天然林和人工林的关系问题。关于未来展望，他认为应多目标定向培育与多功能培育相结合；森林培育要以提高森林质量和生产力为重点；集约化培育和自然化培育的统一；森林培育必须因地制宜，适当多样化；处理好森林培育与其他森林经营措施及其相邻行业的关系。这些都是指导现在森林培育学发展的重要指引。

第三节

# 为中国森林培育学作出卓越贡献

新中国成立后，我国森林培育学经历了学习国外到兼容并包再到独立自主的发展过程，森林培育学（造林学）教材也经过从无到有、从小到大、从吸收融合到独立编撰的过程。经过了近70年的不懈努力，经过三代五版不同阶段的教材编写，沈国舫完成了这一学科的理论框架构建和教学体系完善，探索出一条具有中国特色的森林培育学之路。

## 一、"造林学"更名"森林培育学"意义重大

沈国舫积极推动"造林学"更名为"森林培育学"，这对森林科学研究、林业制度建立以及林业政策完善具有重要意义。

首先，更名森林培育学使得学科范畴更加明晰。历史上，我国林学界对"造林"二字存在3种不同层次的理解：最广泛的理解就是森林培育，即各类森林从种苗、造林到成林成熟的全部培育过程；中等范畴的理解为苏联体系的造林范畴，即仅限于人工林从种苗到幼林郁闭前的培育过程；狭义理解的造林就是森林营造本身，不包括种苗，甚至把造林仅理解为栽苗或播种这个工序。造林学概念复杂且不稳定，直接影响造林政策、技术制定和具体工作落实。森林培育学则恰当地涵盖了我国天然林与人工林培育全过程的理论与实践，一改以往造林学只注重"造"而忽视"管"，实现一体化推进森林培育。

其次，更名森林培育学促使林业工作者站在更高视角思考问题。森林培育学要求强化对森林在整个生态环境中重要作用的重视，而非简单割裂地关注造林这一项人为活动，思想认识的变化促使我国林业科学研究工作者以更大尺度思考研究森林问题变得名正言顺，也极力推动了森林培育学作为一个整体学科的研究发展。

第三，更名森林培育学对我国林业政策产生深远影响。虽然制度政策较之科学研究有一定滞后性，但经过不懈努力，森林培育学的概念逐步为

政府、社会和民众广泛理解。从林业法律法规的修订来看，不再单方面强调造林，而是针对科学保护修复森林生态系统提出建议。坚持自然恢复为主、自然恢复和人工修复相结合，在大规模推进国土绿化的同时，要坚持质量优先，鼓励使用乡土树种和林木良种，因地制宜、科学规划。这些规定都是以森林培育为主体提出的，更为科学合理。

## 二、明确森林培育学的理论基础和技术体系

1961—2011年，经过50年的努力，沈国舫构建了森林培育学理论的基本框架和技术体系（图4-4）。他指出，森林培育的主要生产经营对象，是以树木为主体的生物群落。因此，森林培育学始终以将生物体及其群落与生态环境结合起来研究的生态学科作为最为核心的理论基础。相应的，生命科学和环境科学也成为主要的基础理论知识，具体而言包括植物学、

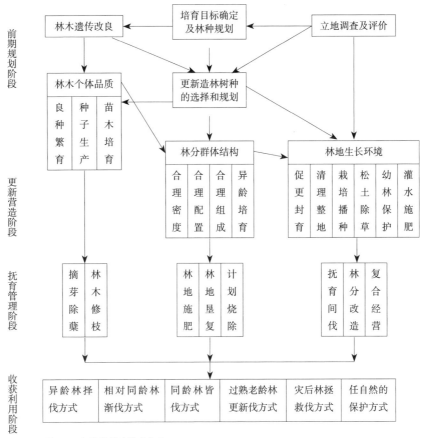

图 4-4 森林培育的技术体系

生理学、遗传学、群落学、气象学、地质学、水文学、土壤学等，而生态科学也是森林培育学的学科基础。

沈国舫提出森林培育的对象可以是天然林，也可以是人工林，还可以是天然与人工林结合形成的森林。由于森林的种类多、体量大、面积广、培育时间长、培育目标多样、内部结构复杂、与自然环境依存度大等特点，森林培育需要完整的技术体系以保证在几年甚至一二百年这样一段长时间内完成定向培育目标。沈国舫把森林培育全过程的培育技术措施凝练为3个方面：林木的遗传调控，包括林木个体遗传素质的调控及林木群体遗传结构的调控；林分的结构调控，包括组成结构、水平结构、垂直结构及年龄结构；林地的环境调控，包括理化环境和生物环境。森林培育的过程分为前期规划阶段、更新营造阶段、抚育管理阶段和收获利用阶段，各阶段采取不同的技术手段，前后连贯，形成体系。

沈国舫等一批专家，构建了森林培育学理论基础框架，对森林培育学的教育教学、科学研究和人才培养起到了重要的推动作用，也开创了中国化造林技术的新篇章。

### 三、逐步探索形成我国森林培育学的教材体系

我国悠久的历史文化底蕴孕育了具有东方特色的教育思维和教育方法。改革开放之后，各个学科蓬勃发展，以林学为例，传统的造林学、森林经理学、森林生态学、树木学、森林土壤学、森林保护学都面临新的变革和挑战。沈国舫结合自己多年来对森林培育学教材编写和发展情况的分析，以及长期对我国各地林业状况的考察，思索如何建立具有中国特色的森林培育学教材体系。他提出了以森林培育学为主干教材，搭配各论、标准、手册、规程的教材体系（表4-10）。

表4-10　沈国舫提出的森林培育学教材体系

| 主干教材 | 支撑体系 | 举例 |
|---|---|---|
| 森林培育学 | 树种各论 | 《中国主要树种造林技术》 |
| | 技术参考 | 《中国造林技术》 |
| | 地域特征 | 《地区育林学》 |
| | 操作手册 | 《林木种苗手册》《中国北方林业技术大全》等 |
| | 规程标准 | 《育苗技术规程》《造林技术规程》《封山（沙）育林技术规程》《飞机播种造林技术规程》以及国家和地方标准 |

从森林培育学的教材体系设置来看，沈国舫注重理论和实践的平衡，对于主干教材，他倡导要去繁就简，强化与基础学科的衔接，有利于学生从科学研究的整体高度认识森林培育学的学习和研究重点；同时，他也考虑到了我国幅员辽阔、树种众多，不同地区的实际情况不同，注重在造林技术、树种各论方面写细写实，从生产实践中汲取了大量有益经验，凸显了教材指导实践的价值。正如他任主编编撰的21世纪的林业巨著《中国主要树种造林技术》（第2版）（图4-5），从良种选育、苗木培育、林木培育、有害生物防治、材性及用途（综合利用）等角度出发，分析具体的树种，极大地提高了图书的使用价值，全书也体现了我国的大国实力、大国气魄，体现了我国在国际林业界独一无二的领先地位。

图 4-5　《中国主要树种造林技术》（第 2 版）发布会

# 参考文献

А.Б.普列奥布拉任斯基. 造林学[M]. 北京林学院翻译室造林组, 译. 北京:中国林业出版社: 1956: 1.

段劼, 李海英, 曾祎珣, 等.《中国主要树种造林技术》(第2版) 发布[EB/OL]. (2020-05-31) [2022-04-29]. http://www.forestry.gov.cn/lycb/1919/20210531/113808803488677.html .

黄枢. 面向21世纪的《森林培育学》[N]. 中国绿色时报, 2002-02-28(3) .

刘勇, 宋廷茂, 翟明普, 等.用系统科学指导和丰富森林培育学[J].林业科学, 2008, 44(7) : 1-5.

沈国舫, 翟明普. 关于造林学教学改革的几点看法[J]. 中国林业教育, 1996(4): 3-7.

沈国舫, 翟明普. 森林培育学[M]. 2版. 北京: 中国林业出版社, 2011: 8.

沈国舫. 中国森林资源与可持续发展[M]. 南宁: 广西科学技术出版社, 2000: 1-9.

沈国舫. 从"造林学"到"森林培育学"[J]. 科技术语研究, 2001, 3(2) : 2.

沈国舫. 森林培育学[M]. 北京: 中国林业出版社, 2001: 6.

王九龄. 森林培育学科建设浅见[M]//《流金岁月，走笔北林》编委会. 流金岁月，走笔北林. 北京:中国林业出版社, 2012: 234-236.

王希群. 中国森林培育学的110年: 纪念中国林科创基110周年[J]. 中国林业教育, 2012, 30(1) : 1-7.

熊大桐. 中国林业科学技术史[M]. 北京: 中国林业出版社, 1995.

# 第五章

# 栽培，林业教育思想和育人实践

图 5-1　1992 年，沈国舫（前排左一）在北京林业大学建校四十周年校庆上致辞

　　在沈国舫长达50余年的教育教学生涯中，不仅担任过一线教师，积累了丰富的育人经验，也担任过国家重点大学的校长，提出了关于林业教育的一系列观点、主张和看法，培养了一大批优秀人才，形成了沈国舫林业教育思想。在担任北京林业大学教务长、副校长和校长期间，他致力于实践自己的教育思想，为学校返京复校后的快速发展作出巨大贡献（图5-1）。

# 第一节

# 沈国舫林业教育思想的基本内涵

思想是客观存在并反映在人的意识中，经过思维活动而产生的结果或形成的观点及观念体系。沈国舫教育思想是建立在林学范畴体系之内的，具有鲜明的林业特征。

## 一、教育目标导向：更好地为我国林业建设服务

办教育永远要把国家需求摆在首位，这是沈国舫一直坚持的。"从中国实际出发，努力为社会主义现代化建设服务，这是办教育的一项重要原则。""在社会主义的中国，林业高等教育也和其他行业教育一样，必须为社会主义现代化服务。要培养德、智、体全面发展的建设者和接班人，必须把德育放在首位，加强思想政治工作，培养出忠于社会主义事业、忠于祖国和人民的一代新人。"他旗帜鲜明地提出，"林业高等教育是我国高等教育的重要组成部分。办好林业高等教育，就必须使它能适应国情和林情，具有中国特色，更好地为中国的社会主义林业建设服务"。

回顾沈国舫的教育教学生涯，不难看出，他一辈子不忘党和国家的重托，国家需要什么，他就全身心投入做什么，从不计报酬，从不计较个人得失。在苏联学习的日子里，沈国舫一直牢记周总理嘱托，要学就要成为最好，要学成回报祖国。得知祖国开启了第一个五年计划的建设，他毅然决然婉拒了苏联导师让他攻读硕士研究生的邀请，怀揣着为祖国山河治理、大地绿化而献身的崇高愿望，回到祖国母亲的怀抱。回国后，我国林业科学研究刚刚起步，没有一套符合国情的造林技术，怎么办？他以华北地区石质山地造林为突破口，带领学生扎根西山几十年，得到了宝贵的第一手资料。没有中国人自己编写的教材，他前后主持参与了《造林学》《森林培育学》《中国主要树种造林技术》以及《中国造林技术》的编写及修订。

沈国舫的行为风范影响和教育着青年学子，1986年起，他担任博士生

图5-2 20世纪60年代
课堂教学

导师，为国家培养了一批批博士，为祖国的林业建设培养了大量高层次的林学科研、教学人才（图5-2）。"祖国需要绿化，绿化需要人才。我的一生中主要围绕着两件事：育树和育人。"为国植树，是他坚定的学术信仰；为国育才，是他不变的理想追求。

## 二、教育结构设计：建设有中国特色的林业高等教育体系

林业行业特色鲜明，林业高等教育如何发展同样具有其特殊性。沈国舫站在国家高等教育发展的高度，对构建具有中国特色的林业高等教育体系提出自己的观点和看法。

### （一）林业行业与高等教育的关系

沈国舫认为，林业高等教育是我国高等教育的重要组成部分，除了满足国家社会主义建设的总体要求之外，还必须要满足行业发展的特殊要求。办好林业高等教育，要考虑国情，也要考虑林情。在谈到我国林业高等教育发展方向时，沈国舫曾在20世纪末提出要结合林业特点：如森林覆盖率低，人均占有资源量很少，资源分布并不均匀；自然条件复杂，森林树种多样，地区差异很大；森林资源破坏严重，迫切需要建设各种防护林；林业教育起步较晚，中国特色社会主义制度为林业发展提供了良好条件；等等。他提出，林业高等教育需要在认清林情的基础上整体设计，其规模决定于林业生产的规模。他把林业置于主要位置，而高等教育是为林业行业提供服务的，要培养从事林业建设的高级知识人才，从林业行业角度去看待高等教育的发展，使意见建议更具针对性。

综合分析行业高等教育的发展，新中国成立之后，我国在钢铁、矿业、地质等多个领域都设置了高等行业院校。林业作为建国初期重要的资源支持行业，同样需要大量的林业高级技术人才和管理干部。1952年，教育部组建了北京林学院、东北林学院、南京林学院3所林学院，林业高等教育开启了新篇章。经过70年的发展，诸多林业高校仍然面临着一个问题，是建设成为服务林业行业的高级知识分子培养基地，还是建设成具有林业特色的综合性大学。

### （二）林业高等教育的规模及布局

对于林业高等教育的人才培养规模，沈国舫持保守态度，他一直坚持"少而精""出特色"的观点，林业高校保持在20世纪90年代的规模稳定发展即可。一方面，林业行业规模有局限性，不能简单按照行业切块，对照大学生比例划定标准线，而需要考虑营林、造林和利用等对人才的需求以及林业管理和企事业单位的岗位需要来计算数量。另一方面，20世纪80年代末，大城市的人才虹吸作用已经显现，很多毕业生不愿去偏远基层的林区就业。沈国舫指出如果不把人才培养的工作做细做精，还会存在"旱的旱死、涝的涝死"的不均衡现象。在边远林区几年也看不到一个大学生，而大城市的大学生干着中专生就能干的工种，造成了人才浪费。

从我国林业高校后续发展的情况来看，21世纪初高校扩招，促使林业行业高校办学规模急剧扩大，不足万人的大学要突破万人，学院建制要向大学迈进。现实的发展与沈国舫的主张并不相同，这其中有国家教育政策改革的原因，也有广大人民群众对更高教育程度的迫切需要，但从办学实力提升、人才培养、就业情况来看，扩招之后行业院校的人才供给对林业本身的反哺力度并非与大学生数量成正相关，直接从事林业行业的毕业生也未见增加，林业专科院校基本都向着具有林业特色的综合性大学方向发展。对于林业行业的人才供给，实际上仍然要依靠传统的林业特色专业，打造精品专业、王牌专业成了目前林业行业高校的不二选择，而这也正契合了沈国舫一贯坚持"小而精"办学的初衷。

在布局方面，沈国舫认为："在全国各大区及重点林业省（区）设置独立的高等林业院校和在一般省（区）的农业院校中设置林业系（院），这是中国林业高等教育布局的特色和优点。"由于林业在我国国民经济中的重要地位，高等教育需要与林业的布局充分契合，加之我国幅员辽阔，东西南北的自然禀赋差异过大，确实存在"北方的教师看不懂南方的树种"的情况；林业需要依托大量实践实习，合理的高校布局，有利于就地安排实习，优化资源，提升效率，减少浪费。但过于密集也不是好事，沈国舫就很担心一些地区林业院校的发展问题，如华北、华东等局部地区办学过于密集，降低了规模效益；独立的林业院校过多，专业面狭窄，存在综合性弱的缺陷。

（三）林业高等教育的层次及专业

沈国舫从林业生产建设的角度分析高等教育的层次设计，建议划分研究生、本科生（专科生）、中等林业教育3个层次。他主张重点发展中等林业教育，类似于职业教育，中专生和大学生的比例为2∶1左右，略低于国际上的3∶1，这样既满足了广大民众的需要，也能够学有所用，直接用于生产。他认为，研究生教育反映了一个国家的科技水平，随着林业科技水平的提高，势必会对研究生的层次提出更高要求，研究生的培养目标要从单纯的学术型（教学科研型）向工程型、管理型的方向发展，培养数量也会有更大需求。从21世纪头20年的发展和我国林业领域研究生教育的走势来看，正中了沈国舫的预测。

在专业设置方面，沈国舫主张"按需设置专业，按专业培养人才"，他很早就认识到交叉学科、综合学科对于林业的重要性，建议"除少数特色专业外，大多数专业的面必须拓宽，允许专业间的交叉渗透，建立起可从一种专业向其相近似的专业快速转移的机制。"他建议一些院校不能盲目扩大办学专业面，而应追求小而全，对于某些专业不必要布点过多。

## 三、教育对象分析：提出21世纪林业高等人才培养标准

20世纪90年代，沈国舫提出了林业高等人才培养标准，包括道德、知识、能力的基本要求以及"MITCC"综合素质，至今仍然具有很强的现实指导意义。

（一）以爱国主义为核心的道德标准

"为学必先做人"是沈国舫教书育人的首要原则，"在培养什么样的人的诸多标准中，德的标准无疑应处在核心地位。"他不止一次教导学生"要结合中国国情搞科学研究，这是爱国的最直接体现"。学生要深入基层了解实际情况，掌握国情需要，要带着满腔的爱国情怀去攻克科学难题。他指出，培养忠于社会主义事业、忠于祖国人民的一代新人，林业高等教育更加特殊，由于林业属于艰苦行业，大多工作地处在自然条件艰苦、经济发展落后的地区；且林业行业需要长期奉献，是涉及长远利益的

行业；加之一些人为因素，对林业行业的认识有失偏颇，造成了物质、环境、时间这三方影响叠加，对林业工作者提出了更高要求。

沈国舫提出，我们培养的林业工作者，要具有让"黄河流碧水，赤地变青山"的崇高理想，具有"宁苦我一人，幸福全国人"的奉献精神，具有长期在艰苦的环境下从事工作的坚强意志和毅力，还要具有乐于并善于和人民群众打成一片的工作作风。绿化祖国的事业是千百万人民群众的事业，未来的林业工作者要善于和人民群众相结合，既要向人民群众学习，又要善于组织群众，帮助群众掌握林业科学技术，去共同完成国家林业建设的艰巨任务，不能想象一个把个人利益至上的人，一个时时处处讲究吃穿和个人生活享受的人，一个孤芳自赏、脱离群众的人能成为一个很好的林业工作者。因此，林业高等教育必须真正落实把德育放在首位，把思想政治工作贯穿到整个教育过程中。由于林业具有艰苦行业的特殊性，还应有更为严格的要求，必须具备更强的刻苦精神，更强的为人民长期利益服务的意识，更强的生态伦理观念，具有更全面的对自然系统和过程的理解以及对自然和社会结合互通的认识。

（二）广博且专精的知识储备

林业行业是复杂应用型行业，林学涉及多个基础学科，林业科技工作者要有广博的基础科学知识储备和专精的专业业务能力。沈国舫主张："林业工作者应具备较宽的知识面，这不仅是指要有较扎实的基础科学知识（数理化及生命科学、环境科学方面的基本知识），也是指应掌握较宽的林业行业覆盖面内（从培育到利用的不同生产及服务方向）及有关相邻行业的基本知识。"林业教育的专业内容包括营林和森林工业、水土保持、荒漠治理、野生动植物、经济林木、花卉园艺和风景园林等相关领域。此外，他还希望林业教育在生态环境保护、分子生物学分析技术、遗传工程的操作技术、计算机数据及图像处理等某些新技术以及新材料、新工艺的应用技术等方面有所加强。

（三）较强的自主学习和动手实践能力

沈国舫对林业高校毕业生在动手实践和自主学习能力方面提出较高要求，"对于一个高等林业科技人员来说，要强化培养植物（特别是树木）的分类识别能力、森林立地环境的分析判断能力、测绘成果使用及遥感相片的判读能力、科技资料查询综合能力、一般仪器仪表使用能力、普通林业机械（包括汽车和拖拉机）的驾驭能力，还要加强语言文字表达能力、外语交流能力、计算机操作能力、统计分析及经济核算的能力、人际关系处理及组织群众工作的能力、自学提高及进行科研的能力等。"除此以外，林业的工作地大多是条件艰苦的地区，没有强健的体魄，也不能胜任高强度工作。

（四）林业工程技术人员的基本要求

沈国舫认为，林业高等教育培养的人才包括林业领域科学家、工程技术人员和管理人员，其中工程技术人员应该是主体，优秀的工程技术人员，也是科学家和管理人员的后备力量。为此，沈国舫在道德、知识和能力3个标准要求的基础上，对现代林业工程技术人员的素质强调了"MITCC"5个方面能力（图5-3）。

"M"：motivation，动力源。强大的精神力量是事业成功的精神支柱，而正确的动力对于林业工程技术人员来讲更为重要。如强烈的爱国主义精神、崇高的奉献精神、执着的事业追求等。人员的创新能力与其知识积累、观念取向、科学思维以及环境氛围密切相关，教育思想也有重大的影响。

"I"：innovation，创新能力，也叫变革能力。创新能力是一个民族发展的精髓，"一个工程技术人员的创新能力与其知识积累、观念取向、科学思维以及环境氛围密切相关，教育思想也对其有重大的影响。"

"T"：team spirit，团队协作精神。在重大工程领域，需要不同学科专业的科技管理人员共同合作共事完成，要求每个工程技术人员除了熟悉本专业的知识外，还能够有足够宽的知识面，理解协作，相互沟通，摆正自己的位置，尊重他人的意见。

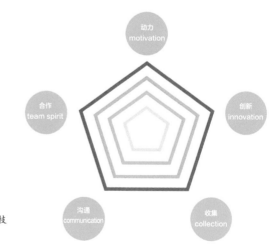

图 5-3　MITCC 现代林业工程技术人员素质图

"C"：collection，收集信息能力和知识获取能力。现代科学技术的发展造成了信息量的几何级数增加，需要熟练地在信息洪流中检索和分辨能够为我所用的知识。教育体系则需要提供学生走出校门后还能继续教育、终身学习的环境。

"C"：communication，表达沟通能力。现代林业工程技术人员需要能够运用多种语言开展业务沟通交流，能够全面深入表达工程中存在的问题和处理方式，选择有效的解决方案，并高效地执行完成相应工作任务。

## 四、教育实现途径：教学、科研、生产实践三结合

沈国舫提出"教学、科研、生产实践三结合是办好林业高等教育的重要途径"。

### （一）转变教育思想，适应时代发展需要

进入21世纪，科技带动社会经济发展的驱动力愈发明显，对高级科技人才资源的需求也愈加强烈，沈国舫深刻分析世界科技发展趋势和高等教育现状，指出通行的教育思想大大落后。"培养专才的模式，照本宣科的灌输，对素质教育的忽视，轻视实践（解决实际问题）的意识，应试教育的弊病比比皆是，顽固存在。""在高等学校里，教和学两个主体都缺乏对改变教育思想的迫切追求。应付差事，得过且过，过关（任务关、分数关）即喜的现象有相当的市场，缺乏把办好教育事业与国家民族前途联系起来的强烈意识。"一语既出，振聋发聩，时间过去20年，回头再思考他提出的问题，依然直击根源，一针见血。沈国舫要求师生每一个人都要有强烈的时代忧患意识，把教育成才真正摆在世界格局中增强国际竞争力的高度去认识，现在看来依然适用，一点都不落后于时代。

### （二）转变教育方式，吸收应用高新技术

沈国舫强调学习主动性，要积极适应外界环境的改变，掌握高新技术手段，主动获取知识信息。教育学生优化职业认知，从学习能力的提升入手适应职业变化。教师要变单纯传授知识为引导学生入门，使学生快速掌握纲领，熟悉本学科信息资源，培养其自学能力。他注重变革传统技术、应用高新技术。1995年，他提出要关注林业领域的新技术，如生物技术、信息技术和新材料技术在林业中的应用，生物技术将在林木的优势高产抗逆新品种的育成、森林主要病虫害的防治、森林生物多样性的保护、部分林产品的深精加工和林产中特有物质的开发利用方面发挥重要作用；信息

技术包括计算机数据和图像处理、自动化控制、遥感技术和规划决策技术在林业领域的应用；新材料技术则在以木质材为基础的各种新型材料的开发和各种木基复合材料的研制方面起指导作用。结合20多年的林业科技发展，基本符合沈国舫的展望。

（三）转变实践方法，推进教学、科研、生产实践三结合

沈国舫主张通过实践来深入处理好科研和教学关系。早在1983年，他提出林业院校应实行"教育、科研、推广"三结合体制，"学校教师自己搞科研，或与研究单位人员协作搞科研，既有利于科研任务的完成，又有利于教学质量的提高，还有利于提高学校或科研单位的设备利用率，一举而数得。""学校从事一定的推广工作，有利于把实践成果转化为生产力"这种提法领先于当时的实际情况，但是由于我国高校在科技推广方面缺乏有力抓手，体制机制、经费人才等都难以形成优势规模，加之改革开放之后活跃的市场化行为迅速吸引了大量科技成果，林业高校的成果转化并不突出。沈国舫结合北京林业大学水土保持系师生10多年在宁夏回族自治区西吉县长期从事水土流失综合治理结合扶贫的工作，逐步把"成果推广"调整为"生产实践"，提出"教学、科研、生产实践三结合"。他指出："三结合"的地点和任务性质应符合人才培养的要求；任务大小和各项活动量的比例要适当，既要保证系统理论教学的完成，又要使教学、科研和生产真正有机结合；必须为"三结合"创造基本的物质生活及教学科研活动条件。这样避免在推广过程中出现困境而使得教学科研陷入无法完成的窘境，也更符合高等教育培养人才的初衷。

# 第二节

# 开启北林返京复校后的蓬勃发展

沈国舫把自己的一生都奉献给北京林业大学，从教师到进入领导岗位，他呕心沥血、倾尽所有。在以沈国舫为首的领导集体团结带领下，北京林业大学开启了返京复校后的第一次蓬勃发展，也为进入"211"全国重点大学、建设扎根中国大地的世界一流林业大学奠定了坚实有力的思想基础和物质保证。

沈国舫在北林的管理经历，可分为两个阶段。第一阶段是1979—1985年，北京林学院返京重建，沈国舫1980年被选为校党委委员，先后担任副教务长、教务长、副校长等职务，主要的精力在一线教育教学和教务管理。第二阶段是1985年全国教育工作会之后，高校管理体制进行深刻改革，北林进入了高速发展的新时期，沈国舫从1986年担任校长，至1993年7月卸任，开展了多项改革，为学校注入了发展活力，取得了显著成效。

## 一、走上领导岗位，要贡献更多

1978年春季，全国科学大会和全国教育工作会相继召开，科技和教育形势好转。党的十一届三中全会召开后，高等教育开始逐步恢复正规。1979年底，北京林学院全部返迁回北京肖庄的原校址（图5-4）。

北林返京之后困难重重。校舍被多个单位占据，教职工队伍严重短缺，教学实验设备损失殆尽（图5-5）。面对这种现实情况，北京林学院制定了《三年恢复和调整的规划要点》。学校逐步完成多项工作：尽快收回了校舍，先后收回了大觉寺、大礼堂、学生1～7号楼、林业楼、专业楼、森工楼、教室楼、东平房、部分家属宿舍、西山教学实验林场、苗圃以及体育运动场、浴室等一些公共设施；1979年至1983年共调入教职工512人，人员总数已经和1965年持平，有力地支援了教学、科研和管理工作，成为学校发展的主力军；补充小型仪器设备，满足教学科研所需，加

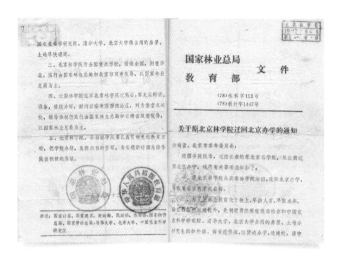

图 5-4 1978 年，北京林学院迁回北京办学的通知

图 5-5 迁回北京时北林的校园情况

快实验室和场圃恢复建设，到1983年底，56个实验室大部分都可以正常发挥作用。

这一时期，沈国舫走上领导岗位，作了大量工作。

（一）制定师资队伍规划，培养骨干力量

1981年，沈国舫刚刚担任副教务长，就制订了全校师资培养工作计划，摸清教师底数，找出存在问题。包括教师队伍总量减少，年龄结构不合理，一批老教师面临退休，年轻教师顶不上，青黄不接；学术交往锐减，信息闭塞，不少教师知识陈旧，亟待更新；相当数量的教师外语水平偏低。为此，沈国舫主持起草并向林业部提交了《关于北京林学院师资队伍情况与补充规划的报告》，提出6项措施：举办外语培训班，对教师进行轮训，开始了我国农林高校外语培训的先河；增补基础理论知识，为部分专业课或专业基础课教师开设生物数学、数理统计、生物物理、生物化学等讲座；开办高新技术训练班，如电子计算机、显微技术、仪器分析、同位素技术、遥感技术等，对教师进行对口轮训；有计划地组织教师去外校（特别是综合性大学）进修；5年内拟选派20名具备条件的教师出国对口进修；积极与校内外、国内外开展学术交流活动，开阔视野，互通信息，掌握学科发展的前沿动态。

在沈国舫的主导下，北京林学院确定了从1984年起实现在具有硕士学位的研究生中选留教师，在教师培养上进行"三定"（定方向、定任务、定措施）；在措施上贯彻"三为主"的原则（教师的培养提高以国内为主、院内为主、在职为主）；同时处理好教学、科研、进修三者的关系。师资队伍建设成效显著。复校后至1991年，学校先后派出123位教师赴16个国家访问进修、读学位，学成回国68人，其中10人获得博、硕士学位，成为所在领域的领军人物和带领北林发展的中坚力量。

（二）引进世界银行贷款，购置国内一流仪器设备

为了帮助农林高校大幅度改善办学条件，20世纪80年代初国家农业委员会向世界银行申请贷款用于发展农林科技与教育，面向农业、林业、水利、气象等32所高校、13所中专和22个科研情报院所。从世界银行对于贷款的使用原则来看，需要借贷单位必须有较好的实验室条件，必须要有相应的人民币配套投资，必须有一支使用这批先进设备的各种层次的技术队伍。对于刚刚从云南陆续迁回的北京林学院来讲，并不符合这些条件，国家农业委员会贷款办及林业部教育司需要充分调研和反复论证。1982年的北京林学院，经费十分紧张，"急等米下锅"，能够得到无息贷款，是千载难逢的发展良机，便抽调精兵强将积极准备，势在必得。

北京林学院成立了由主管教学的时任副院长陈陆圻为组长，闫树文、沈国舫为副组长的领导小组，沈国舫负责项目谈判和运行。由于当时并不熟悉世界银行的运作特点，也不了解世界上先进仪器设备的行情，谈判异常艰苦，在农业部世界银行贷款办的协调下接待了多次世行评估团的评估，完成了几十千克的文字材料，终于获得了两期世界银行贷款，总共700万美元，这在当时绝对是"天文数字"。在经费如何使用的问题上，产生一定的分歧。据当时参与工作的同志回忆，有的部门认为全校各系各教研室都设备不足，有自己的困难，可以全部分配，利益均沾。但以沈国舫为首的工作小组建议要按照世界银行的使用原则来办事，要强化仪器设备的使用，建立若干个实验中心，还要着眼于研究生的培养，发展一批重点学科和优势学科，突出高校教学科研的核心竞争力。利用世界银行贷款，北京林学院建立了森林生物学中心、计算机中心和显

微技术中心，大量先进的实验设备直接用于学生教学。据统计，1990年北林学生平均占有仪器设备价值达到10000元，而全国大学生平均水平仅为4770元，北林的仪器设备不仅量多，而且都是当时国际一流的，对人才培养是极大的推动。利用世界银行贷款，北林还在1985—1988年期间，邀请了美国、日本等国的8位国外知名专家来华讲学，让师生与世界先进科学技术近距离接触，开阔了眼界，提升了水平。

（三）成立外语培训中心，打开北林国际交流大门

沈国舫的主要外语是俄语，但是在教学科研工作中，他深知英语的重要性。1979年，他参加了林业部组织的英语培训班，努力过英语这一关，这为他参与世界银行贷款谈判，积累了语言功底。世界银行贷款有一项重要的任务是在农林口高校建立两个英语培训中心，经过积极争取，北京林学院和华中农学院入选，主要为农业部、水利部、林业部和气象局的专业教师和科技人员进行出国前的英语培训。北京林学院与英国的Bell Education Trust合作，建立系统的教学大纲，请来10位英语母语教师做培训，完成了33期培训任务，培训了1006名学员。沈国舫兼任外语培训中心第一任主任，正是他的前瞻思维，让北林教师很早就强化了英语学习，为了解国外先进科技知识奠定了基础。1987年，外语培训中心和外语教研组合并成立了外语教学部，还建成了独立教学楼。同年经国家教育委员会批准，增设专门用途的英语（科技）专业。1989年，外语教学部改称外语系，而后又发展成为外语学院。可以说，在沈国舫的大力倡导和支持下，才有了北林的外语学院，他是当之无愧的奠基人（图5-6）。

（四）成立计算机中心，推动林业与计算机技术接轨

沈国舫是我国比较早接触计算机的科技工作者，1979年，他代表北林参加了由国家科学技术委员会组织，在香港举办的计算机培训班，他以优异成绩完成培训，免费带回两台微型计算机。1980年，林业系统科技人员首次微型计算机培训班在北林举办，实验器材就是这两台机器和东北林学院的学员带回来的另一台机器。沈国舫担任培训教师，废寝忘食整理课件、用心尽力讲课实习，这两台微型机也成为后来北林信息学院的镇院之宝。1982年，世界银行贷款到账后，北林购置了一批当时世界上最先进的电子计算机，成立了电子计算机中心实验室（图5-7），沈国舫兼任主任。这在我国林业院校中是首创，后来电子计算机中心逐步发展成为北京林业大学信息学院，沈国舫也被称为信息学院的首位支持者。1987年，沈国舫指导学生王忠芝研究电子计算机在造林调查设计中的应用，这在当时林业界也是超前的。

图 5-6 1982年，沈国舫（图中站立者）主持外语培训中心开学典礼

图 5-7 同学们在崭新的计算机实验室上课

## 二、主政北林，开启发展新阶段

1986年，沈国舫任北京林业大学校长，到1993年卸任，他带领领导班子共同努力，全面开启了北京林业大学返京复校后的第一段辉煌时期。

（一）办学规模趋于稳定，学科和专业设置日臻完备

在校班子的领导下，北林从1981年开始，朝着为我国林业事业培养高水平人才的目标，逐年扩大招生规模。从1981年的214人增长到1991年的478人，1991年在校生达到1761人。1981—1991年的10年间，共为国家培养本专科毕业生3741人。专业设置逐步完善，由1986年的8个专业发展为1989年的13个本科专业，4个普通专科专业和1个干部专修科（表5-1）。

表 5-1　20 世纪 80 年代北林专业基本情况

| 专业名称 | 曾用名称 | 备注 |
|---|---|---|
| 林学专业 | 林业专业 | 1988 年招收专科 |
| 森林保护专业 | 森林病虫害防治专业 | |
| 园林专业 | 城市园林专业 | |
| 木材加工专业 | 木材机械加工专业 | |
| 林业机械专业 | 林业机械设计与制造专业 | |
| 林产化工专业 | 林产化学加工工艺专业 | |
| 水土保持专业 | | 1988 年招收专科 |
| 林业信息管理专业 | | 1987 年新增，1989 年招收专科 |
| 会计学专业 | | 1987 年新增 |
| 专门用途英语（科技）专业 | | 1987 年新增 |
| 工科类风景园林专业 | | 1987 年新增 |
| 统计学专业 | | 1988 年新增 |

研究生教育成绩突出。1981 年，我国开始招收授予学位的研究生后，北京林学院是国务院批准的首批具有博士、硕士学位授予权的学校。到 1990 年，学校共有博士学科专业 7 个，博士生导师 11 人，硕士学科专业 14 个。沈国舫所在的造林学科，由于师资、科研和实验基础都比较好，在 1990 年，和森林经理学、水土保持学科都被国家教育委员会批准为国家重点学科。1978—1991 年，共招收各类型研究生 553 人，其中含博士 46 人。其中 90% 分配到教学和科研院所，为我国的林业事业贡献力量。

（二）师资队伍年龄结构得到优化，学历层次显著提高

师资力量不断充实，到 1990 年，40 岁以下的中青年教师达到 55.2%；研究生以上学历从 1980 年的 7.4% 上升到 1991 年的 21.9%。新兴学科和薄弱学科得到了人员补充，优势学科教师在国内实现领先，教师通过出国进修培训等，学术水平得到提升（表 5-2）。

（三）科学研究取得累累硕果，科教兴林作出重大贡献

返京复校后，学校把科研工作和教学工作并列为两个中心。1982 年召开了复校后的第一次科学研究工作会议，编制了《1983—1985 年科研规划》，提出了造林营林、林木良种选育、森林保护、森林调查规划设计、水土保持、园林、森工、林业经济、基础研究等 9 个大方向

表 5-2 专任教师人数及职称结构变化

| 年份 | 专任教师总人数 / 人 | 专任教师职称占比 /% | | | | 有研究生学历教师占比 /% |
|------|------|------|------|------|------|------|
| | | 教授 | 副教授 | 讲师 | 助教 | |
| 1980 | 310 | 2.3 | 4.5 | 46.1 | 47.1 | 7.4 |
| 1981 | 335 | 2.1 | 16.7 | 64.8 | 16.4 | |
| 1982 | 458 | 1.7 | 11.8 | 48.3 | 38.2 | 7.7 |
| 1983 | 518 | 1.5 | 14.0 | 45.4 | 34.6 | |
| 1984 | 540 | 1.7 | 13.5 | 44.6 | 40.2 | 6.3 |
| 1985 | 537 | 2.6 | 13.0 | 43.0 | 41.4 | 9.7 |
| 1986 | 528 | 3.6 | 11.7 | 42.4 | 42.2 | 1.6 |
| 1987 | 512 | 6.4 | 25.4 | 34.2 | 34.0 | 14.6 |
| 1988 | 500 | 7.0 | 27.0 | 31.0 | 35.0 | 18.2 |
| 1989 | 532 | 5.8 | 27.3 | 30.3 | 35.6 | 21.4 |
| 1990 | 484 | 7.2 | 29.5 | 30.4 | 32.9 | 22.9 |
| 1991 | 525 | 8.0 | 28.4 | 30.8 | 32.8 | 21.9 |

的研究内容。1980—1990年10年间，共承担国家攻关课题（专题）18项、部级重点课题19项、各类基金项目46项、横向课题12项；共获得科技成果奖（1985年之前）和科学技术进步奖（1986年以后）87项。其中包括沈国舫为主要完成人的《关于大兴安岭北部特大火灾恢复森林资源和生态环境考察报告》获得1989年林业部科学技术进步奖二等奖；"北京西山地区适地适树研究"获得1980年林业部科技成果奖三等奖；"北京西山地区油松人工抚育间伐的研究"获得1983年北京市科学技术成果奖三等奖；"北京西山地区油松混交林研究"获得1987年北京市科学技术进步奖三等奖；"国家十二个重要领域技术政策研究：农业技术政策"获国家科学技术进步奖一等奖，沈国舫获得突出贡献称号。为了提升学术交流力度，1979年《北京林学院学报》创刊，1986年改为《北京林业大学学报》，沈国舫在出刊第一期就发表了文章《影响北京市西山地区油松人工林生长的立地因子》，还担任了学报的第二届主编。

（四）基本建设得到了恢复、重建和发展

1982—1991年，学校又陆续收回了学生8号楼、职工食堂、实验楼、

图 5-8　北林复校后沈国舫（左一）和学生一起清理校园垃圾

金工厂及临时职工食堂等；到1991年底，被占房舍全部收回。在沈国舫的带领下，1986年起，学校开启了新的基本建设项目（图5-8）。1986—1992年，基本建设投资达到3967.2万元，1991年学校总建筑面积达到18万m²之多（其中半数以上是1981年之后完成的），完成建筑面积为25070m²的主楼建设。实验室情况大有改观，1990年底实验仪器设备的原值达到3100万元，是1983年原值77.1万元的40余倍。1990年实验室达到66个，多个实验室达到了20世纪80年代的国际水平，森林生物（仪器分析）中心在国内处于领先地位。这一时期，学校还恢复了破坏严重的校办产业，妙峰山教学实验林场、校本部苗圃、森工实习工厂、印刷厂等一批校办产业得以恢复。

### 三、团结奋进，总结形成重要办学经验

沈国舫在主政北京林业大学期间，他和领导班子同志一起，坚持社会主义办学方向，克服各种困难，取得了办好社会主义大学的丰富经验。

（一）党的正确领导是办好学校的根本保证

加强党对学校的政治领导、思想领导和组织领导。政治领导是根

本，思想领导是实现政治领导的前提和基础，组织领导是实现政治领导和思想领导的保证，三者辩证统一、缺一不可。同时，正确处理政治与业务、理论与实践的关系，实行教学、科研和社会实践三结合是培养合格人才的必由之路。从本校实际出发，不搞大而全，保持和发扬优势和特色。发扬优良校风，制定校训、群策群力、民主办校、严格管理。

（二）坚持实践校长负责制

返京复校后，学校实施的是1978年教育部制定的"党委领导下的校长负责制"。1980年，中央委员会组织部和教育部出台《关于加强高等学校领导班子建设》的文件，指出"学校所有的行政工作都由校长为首的行政人员去处理，要使他们有职有权。党委在工作中注意发挥校行政的作用，尊重校长的职权，实行党委领导下的校长负责制"。1985年，中共中央《关于教育体制改革的决定》指出，"学校要逐步实行校长负责制"。北林在1987年向林业部请示，申请批准校长负责制。1990年又恢复了党委领导下的校长负责制，党组织支持校长和行政机构充分行使职权。党委将主要任务精力放在讨论学校重大问题的原则、方针、部署，领导全校思想政治工作、干部工作、政治审核工作等。

（三）制定明确的办学规划

"在一片'废墟'上要重新建设一所名副其实的全国重点高校，需要做全方位的努力，其中最重要的是校园土地产权的回收，学校房产的回收和扩展，仪器设备的补充和更新，师资队伍的强化建设以及教学科研水平的提高。"沈国舫提出"建设全国重点高校"的目标，设计以学科建设为统领，狠抓教师队伍建设、实验室仪器设备建设、教育教学用房基本建设3项关键工程，着力推进北京林业大学取得成绩。提出"五个必须"的学科发展要求，必须有比较完整的老中青结合的梯队，必须实施教学科研两个中心的战略，必须能站在国内本学科的前沿，必须有突出的教学和科研成果，必须有得到国内同行的认可。

1992年，在北林建校40年之际，沈国舫带领领导班子，为学校未来10年发展做好具体的办学规划，坚持坚定正确的社会主义办学方向，调整办学层次、优化专业结构和培养方案，加强师资力量培养，改善办学条件，深化教育改革，提高教育质量和科研水平，完成规划规模，提高办学效益，把学校办成以教育为主、教学与科学研究两个中心，成为以培养研究生和本科生为主的、以森林生物科学为基础、以林业资源与环境科学为特色，兼有理科、工科、文科及管理学科的国内外一流水平的林业多学科的综合性林业大学，成为林业科学家和工程师的摇篮。

具体规划上，到2000年，办学规模达到3000人，新成立园林学院、森林工业学院、水土保持学院；增设观赏园艺专业、森林生物学专业、林产品贸易专业、纸浆制造专业、野生植物利用专业等；增加风景园林、森林保护、木材加工、林业机械、林业经济管理等博士点。从后续发展来看，很多指标已经提前或者超额完成。

### （四）牢牢抓住学科建设这个龙头

沈国舫非常重视学科建设，他曾说，学科建设是高校的命根子，办大学甚至不一定有大楼，但必须有大师（图5-9）。他认为学科建设是一个综合课题，涉及人力、物力、财力、管理等方方面面，需要全校各方面的通力协作，一起用劲儿才能把学科建设好。正因为如此，学科建设是个"一把手"工程，需要校长的统筹设计，在学科人员配备、资金投入利用、师资培养提高、科研成果产出、实验室和实验场地建设等方面给予学科上的倾斜和照顾。

他还提出学校办成既是教育中心，又是科研中心。以教学带动科研，以科研促进教学、学科和专业建设。不积极开展科研，教学质量难以提高，学科及专业建设也上不去；只注重科研，忽视教学，则影响人才培养质量。除了加强自己所在的林学学科的建设，对其他学科他也一视同仁，对水土保持学科在宁夏西吉，山西三川河、方山县和吉县的科研基地建设及科研成果鉴定都亲临考察和支持；力排众议，支持园林专业的发展，对陈俊愉在梅花及金花茶方面的研究成果鉴定以及孟兆祯、白日新等在深圳开展的园林规划设计工作都予以大力的支持。

### （五）致力于教育教学改革

沈国舫按照教学规律办事，长期思考大学人才培养中存在的问题，他带领同志们逐步探索新的教育改革方式，取得阶段性的效果。1985—1988年，北京林业大学实行"学年学分制"为主要标志的教学改革，着力改变以往一个"模子"培养人才的形式，增强毕业生的社会适应性。主要包括：根据专业的培养目标力求办出自己的特色，实行选修课制、三学期制和导师制。提出了"两段制"模块教学，按系招生、按需要定向培养的教学改革构想，1989年在林业经管学院进行试点。从1989年开始，学校推动从课程建设入手，改革教学内容和教学方法，全面修订教学大纲，对课程质量和水平开展评估，摸清底数、查找不足，在此基础上区别情况分

图 5-9　北京林业大学四院士（左起：孟兆祯、陈俊愉、关君蔚、沈国舫）

门别类制定教学计划，并从各项实践教学环节中入手提高学生的实际工作能力。

　　除了自己编写高水平教材之外，沈国舫也大力支持学校的教材建设，鼓励组织各个学科教师开展教学研究，编写通用教材。经过10余年的坚持，北京林业大学教材建设取得丰硕成果，据统计，1980—1991年，共编写印刷各种教材、讲义106种，各种实习实验指导书132种。沈国舫担任副主编、孙时轩教授主编的《造林学》，周仲铭教授主编的《树木病理学》获得国家级优秀教材奖。此外，还有多项教材获得省部级奖励。

　　（六）推动校园建设日臻完善

　　沈国舫担任校长期间，从满足教学科研使用出发，组织开展了一系列的基础建设。北林主楼是其中的标志性建筑，他亲自跑林业部征得支持，规划了20年不落后、辅以楼前园林式绿地的主楼景观。1990年10月16日，北京林业大学建校38周年之际，主楼破土动工，沈国舫铲起第一铲土（图5-10）。在他的积极推动下，先后盖起了外语楼、北林宾馆、图书馆（后改用于科研）、第一教室楼，基本改变了教学科研用房紧张的局面，也逐步改善了师生员工的生活条件，校园景观为之一新，基本形成了北林校园的主要模样，当时来校交流的外国专家都交口称赞（图5-11）。

图 5-10　1990 年，北京林业大学主楼的开工典礼（左一为沈国舫）

图 5-11　沈国舫（前排）主持北京林业大学主楼竣工仪式

沈国舫深知实验实习对林业科学研究的重要性，他亲自去沟通场圃建设。当时，北林有一个苗圃，在校本部的北面，有200亩地。还有两个林场，一个是位于西山的妙峰山实习林场，后来发展成鹫峰国家森林公园。另一个是在伊春地区红星林业局的红旗林场，后来撤掉了。他认为返京后，亟须在东北再找一处实习基地，就专门找到黑龙江省伊春市朗乡林业局，建立朗乡实习林场，保留了一处红松母树林基地和一片原始森林，亲自去挂牌以示重视（图5-12）。他还在山西的太岳山林区的灵空山林场，建立了森林生态系统定位研究实习基地，补充了北林在华北林区的实习基地。

图5-12 1991年，沈国舫（左一）考察朗乡林业局实习林场

# 第三节

# 培养高质量人才团队的"一核三度"法

　　沈国舫在研究生培养上也倾注了巨大的心血，从1961年培养第一位研究生算起，到2004年最后一位研究生为止，总共43年，共培养了15名硕士研究生、13名博士研究生、3名博士后。他们多数成为国家部委、高等院校、科研院所的重要领导。他们多数成为森林培育领域的专家，有的成为部委、高校、科研院所的重要领导（图5-13）。

　　沈国舫的培养高质量人才的模式，可以概括为"一核三度"法。"一核"，即以爱国主义教育为核心的思想道德塑造；"三度"，即以严谨治学、坚持真理、投身实践为内容的学术态度培养，以宏观战略、系统联

图 5-13　1998 年，沈国舫（前排左五）和学生们合影

系、创新创造为思维导向的学术深度培养，以综合素质提升为目标的学术厚度培养。

## 一、以爱国主义教育为核心的思想道德塑造

沈国舫一直坚持"为学必先做人"这个教育教学的首要原则。"要培养德、智、体全面发展的建设者和接班人，必须把德育放在首位，加强思想政治工作，培养出忠于社会主义事业、忠于祖国和人民的一代新人。"德育是高等教育人才培养的重要基础，底座根基不牢靠，将会带来不可挽回的后果。"在培养什么样的人的诸多标准中，德的标准无疑应处在核心地位。"道德培养的具体措施则是以"爱国爱党、爱科学、爱林业"为核心要素展开的。

沈国舫深知，大学生阶段已经形成了完整的人生观、价值观和世界观。如果还是采用传统的简单粗暴的理论阐释式、思想开导式、谈心谈话式的教育方法，表面上看有一定的效果，但不能长久，也无法引起学生的共鸣。他注重言传身教，用人格魅力感染学生。1960年秋天，他带领林业系1958级3班的同学到河北雾灵山的坡头林场进行生产教学，当时正值自然灾害，师生们吃的是掺了野菜的窝头加一点稀粥，白天还要抢镐头挖地，晚上睡的土炕，身上还长了虱子。就在这样艰苦的条件下，他和学生们同吃同住同劳动，不断用为国建设的理想精神引导带动学生，用乐观向上的积极态度鼓舞激励学生。生产教学结束，他还被学生评为标兵，称他是"真正的无产阶级的人民教师"。正是沈国舫的高尚情操和严谨态度，让学生们感受到了榜样的力量。他从细微处着眼，从身边事入手，在一次次学术交流中融入国家政策、前沿科技；在一次次考察调研中结合生产实践、社情民风；把爱国爱党的情愫润物无声般渗透于学生思想之中，激发学生内心的认识自觉和行动自觉。听过沈国舫讲座的同学大多眼里泛着泪光，表情凝重，目光坚毅，仿佛自己也身处在国运艰危、堪此大任的年代。曾经有一位学生在讲座后激动地说："看到老先生八十高龄还在科研一线为祖国做贡献，我热血澎湃，要向沈院士学习，为国家富强奋斗，为民族复兴拼搏。"

沈国舫教育学生做科研要全身心投入，带着对国家负责、对人民负责的深情实感来做科研。他不止一次教导学生："要结合中国国情搞科学研究，这是爱国的最直接体现。"做中国的科研就要深入到一线去了解实际，掌握国情，熟知实际情况，带着对国家的责任感去做科研，才有坚

持不懈的动力。翟明普曾经回忆沈国舫带领林业系的新生去西山实习的情景。"先生带着我们几个学生，结合当时开展的北京西山绿化活动，确定了造林技术最难对付的华北石质山地作为主要研究对象。那时候都要骑着自行车赶几十里土路，揣着两块馒头进山就是一天。"这也为翟明普开启了以西山林场为起点的科研之路。沈国舫提出的结合本土立地条件，做符合中国实际的学问，深深影响了一代林业学子。从2010年开始，年逾古稀的沈国舫，坚持每年给研究生做学术报告（图5-14），报告涉及面很广，紧跟科研前沿和国外最新进展，从《出访瑞典、奥地利、捷克等中欧三国的考察感受》到《国家公园与生态文明》；从《两山论与生态系统可持续经营》到《山水林田湖草系统治理》，每次都让学生们受益匪浅。中国林业科学研究院华北林业实验中心原主任、他的博士后学生孙长忠曾动情地评价："为国家、为科学献身的精神，那种事必躬亲、严谨克己的作风，使我真正感受到了一代宗师的风范。"

热爱林业，做中国人自己的森林培育，是沈国舫一直的追求。他就像林家大院的掌门人，滋养着一代又一代的林家学子。从他培养的31名研究生的毕业去向来看，90%以上从事与林业行业相关的职业，80%以上继续开展林业科学研究，他们现在很多也成为博士生导师，一代一代地接续奋斗，成就了林业满门桃李。2009年，他自掏腰包，后来得到了多方赞助，在北京林业大学、南京林业大学、东北林业大学等林业院校的共同支持下，设立了沈国舫森林培育奖励基金。基金是为了促进我国森林培育学科

图 5-14 沈国舫
做讲座前等待听讲
座的同学们

图5-15 2019年，沈国舫（右四）在福建农林大学为学子颁发沈国舫森林培育奖励基金

高层次人才培养，努力提高我国森林培育学科青年教师及研究生质量，鼓励研究人员刻苦钻研、不断创新而设立的。他个人捐资60余万，截至2022年已经评选了13期，64位研究生，13位青年教师获得奖励（图5-15）。正如中国林学会副理事长陈幸良所说，沈院士从教60周年，青丝变白发，不变的是先生对林业事业的赤诚、执着与追求。人生易老天难老，回首一个甲子的时光，沈国舫在林学及生态建设领域的教育、科研、科普、管理、咨询等领域著作等身、桃李芬芳、成果卓著，让后人敬仰。

## 二、以严谨治学、坚持真理、投身实践为内容的学术态度培养

学术研究长期以来都是大学教育的重中之重。沈国舫认为进入大学，学术是必备要求，而学术态度的培养也至关重要，他对学术态度的要求是严谨治学、坚持真理和投身实践。

治学严谨，必须连标点符号都不放过。科学道路上来不得半点马虎，严谨是沈国舫对学生们的一贯要求，"差不多""可能是"的回答是不被允许的。贾黎明回忆自己读博士时，每一次要向导师汇报研究进展都十分紧张，虽然提前已经做好了充足的准备，但是仍然会坐立不安，甚至夜里失眠。就是因为沈国舫对学术质量要求十分严格，甚至到了锱铢必较的地步，他要求学生必须对论文中的数据来源、公式选择、计算步骤、误差范

围等关键问题都要清清楚楚、明明白白。2018年10月，第四届世界人工林大会在北京召开，沈国舫受邀做大会主题报告《中国的人工林——肩负生态和生产的双重使命》。这是对我国人工林建设成就的全面总结，在报告前一个月，沈国舫就带领翟明普、马履一、贾黎明等研究报告框架，收集数据题材。他亲自撰写文稿，手绘图表，对每个数字的来源都详尽标注，特别是精研英文讲稿的每一个用词，力争做到让世界各国专家能最准确地理解我国人工林的措施和成就。贾黎明的研究生们也参与其中，他们惊讶于平日里这些在中国森林培育界的顶级专家、教授们都毕恭毕敬、认认真真地受教，更被沈国舫这位林业界的泰山北斗，在85岁的高龄，仍然会为了一个数据的来源而自己动手遍查资料，不找到出处誓不罢休的精神所折服。他用自己的实际行动，给学生们上了一堂生动的实践课。

坚持真理，必须带着对科学的敬畏之心。作为自然科学研究者来讲，对真理的执拗是通行的性格，沈国舫亦是如此，他坚持用科学的观点研究问题，"不唯上、不唯书、只唯实"，林业界有着一段"秉笔直言"的佳话。1999年，一名外籍华人向中央领导呈交了一份报告，内容主要是认为森林可以增加降水，称为"森林引水论"，提出大西北只要多造林就能改变当地的干旱局面。报告引起了时任国务院总理朱镕基的注意，批示给有关部门提供评价意见。沈国舫看到了报告感到此论断明显缺乏科学依据，可能会误导国家领导，造成不正确的判断和决策。因此，他在钱正英的帮助和鼓励下，写了一篇言辞锋利的意见书。据钱正英回忆，其中有一句话"您虽然是总理，但您是学电机的，对林业科学不够了解……"如此直言，令钱正英颇为惊讶，心生赞许。后来时任国务院总理朱镕基重视并采纳了沈国舫的意见。每每谈到此事，沈国舫的弟子们无不感慨，一位是鼓励直言、积极纳谏的国之总理，一位是坚持科学、公正处事的科学大家，感叹这一番佳话的同时，也都立志要向先生学习，坚持真理，坚守科学态度。

投身实践，必须把实践效果作为检验科学理论的标尺。实践出真知，是沈国舫一直奉行的科学研究观点；知行合一是他坚持追求的科学境界，书本要看，现场更要看，在列宁格勒林学院求学时，沈国舫就对调研实践投入了极大的热情和精力。大三暑期和大四暑期的两次外出实习，沈国舫都自己主动加码，自费增加考察活动。三年级暑期的生产实习，虽然学校安排的是去沃罗涅日州的赫连诺夫林管局，沈国舫则先去了乌克兰顿涅茨克矿区的大阿那道尔森林经营所。大阿那道尔森林经营所地处苏联最早的草原造林典范，是苏联草原造林的发祥地，已经有上百年的历史。沈国舫一个人在此处调研了近一个星期，对橡树槭树的行状混交林、农田防护林营造技术等都有深入的了解和研究。紧接着他去了沃罗涅日州的卡明草原农业试验站，这个试验站是著名的俄罗斯土壤学家B.B.道库恰耶夫为了改良草原的生态而建的试验场所，最主要的目的是防止夏季干热风损害小麦乳熟期的庄稼。B.B.道库恰耶夫考虑了俄罗斯不同的自然条件和经济条件，采用了森林土壤改良措施和综合农业措施。农田防护林带的建设，对森林学的影响重大。1954年，沈国舫第一次去卡明草原考察时，当地建造的橡树林带已经很成规模，对农田起到了巨大的保护作用，这也激励了沈国舫建设我国防护林的信心。

沈国舫不仅自己坚持理论联系实际，还要求自己的学生必须主动参加实践，深入野外调研，参加劳动生产实践，多多接触基层科技人员，如林场场长、工人朋友、具体干事的林业工作者。他说："林业是和自然打交道的行业，必须扎根中国的沃土，必须要走进林区，走进山林，光靠书本上的纸上谈兵远远不够。"翟明普回忆1979年沈国舫带着他跑林场的场景。"记得1979年回京伊始，在赤日炎炎的夏季，沈先生亲自带领我去北京西山实验林场考察和选定试验地，讨论和确定我的科研思路与方法，为我拟就试验研究方案奠定了良好的、扎实的基础。"沈国舫要求研究生必须自己动笔，写自己的思路、做自己的研究，他十分反对从网络上复制粘贴，东抄一下、西抄一下，抄来抄去、脑袋空空。他坚持"自己动手，绝不代笔"，即使年近耄耋，沈国舫的专业报告和讲话也都是自己一字一句爬格子写完后，再让秘书整理成电子稿。

### 三、以宏观战略、系统联系、创新创造为思维导向的学术深度培养

学术水平的高低是评判研究生培养质量的重要指标，学术思维深度的差异则是分水岭。沈国舫重视研究生思维能力的训练，他结合每位学生的个人特点，有区别地点拨，如同武林宗师直击要害、入木三分，往往能够打通学生的任督二脉，让他们大有收获。关于学术思维深度培养，他抓准了研究生欠缺的宏观战略思维、系统联系思维和创新创造思维3个关键能力进行强化训练。

首先，宏观战略思维关键在于"站位"。沈国舫认为做高水平的科学研究，要有大格局、高站位，要有宏观战略思维。"必须站在国家利益高度，超脱部门及区域利益的局限；必须有实事求是的勇气，敢于提出当前

客观上存在的问题；必须有前瞻的眼光，不能局限于对现有方针政策的诠释；必须有战略思维，能提出改进现有格局的前进方向和措施建议。"他要求学生广泛了解时事政治，对国内外形势有基本认识，将研究的专业领域置于国家和社会发展大势中思考。沈国舫有意识地给研究生参与国家重大项目的锻炼机会，2000年底，沈国舫让博士生李世东参加香山科学会议。香山科学会议是我国最高层次的以自由探讨为特色的科学会议，在沈国舫的鼓励和支持下，李世东以初生牛犊的精神，做《中西部地区退耕还林还草试点问题》的专题评述报告，获得与会专家的好评。会上，沈国舫还针对报告的内容做退耕还林还草选向问题的点评，这些观点高屋建瓴，统揽全局，为李世东博士论文的基本思路提供了指引和参考。让学生通过参加国内外顶级学术会议、参与国家重大项目来提高宏观战略思维能力，用新形势、新观点来启发拓宽视野，提升格局，成为沈国舫研究生培养的一大特点。

其次，系统联系思维关键在于"统筹"。系统联系思维是当前研究生培养中较为薄弱的环节，研究生往往长期从事单一领域的专业研究，习惯于盯住一个方向越做越深，缺乏"跳出来"通盘考虑、统筹兼顾的系统联系思维。沈国舫会结合研究生专攻的领域加以系统的点拨和指导，逐步在学生头脑中构建思维网络。贾黎明在攻读博士期间，曾有幸参加沈国舫主持的国家自然科学基金重点项目"混交林及树种间相互作用机制研究"团队中，主要从事沙地杨树刺槐混交林树种间养分关系研究。1998年，沈国舫要求贾黎明在中国林学会造林分会第四届学术研讨会上就研究成果做一篇报告。贾黎明困惑于各种具体树种的"一团乱麻理不清"，不同组合混交林树种间各种类型作用方式均存在，而且均有其重要性，彼此间也相互联系，但要将其综合表达以及升华到混交林树种间作用理论非常不容易。沈国舫耐心与他探讨，提出能否以一种"链式"关系来表达树种间相互作用的机制，从系统和发展的角度认识树种间关系。回忆起这段经历，贾黎明深有感触，"我确有一种'拨开乌云见天日''豁然开朗'的感觉。确如先生所述，混交林树种间相互作用是很复杂，但如果把各种关系联系起来，再将各种关系与林分的发展阶段联系起来，统一来看待这一问题，不就把种间作用表达出来了嘛。"后来，经过多年的坚持研究，贾黎明还提出了混交林树种间相互作用的"作用链"理论，丰富了森林培育学的理论研究内容。沈国舫还经常告诉研究生，自然界是宏伟的、复杂的，也是辩证的，我们做的是和大自然打交道的事业，要尽量全面、系统、辩证地看问题，不能盯着一个方面，而忽视了其他与之相联系的方面。

第三，创新创造思维关键在于"出新"。沈国舫认为创新创造能力是研究生学术生命力所在，他一直坚持"三新"，研究要新、讲座要新、思维要新。研究生们听沈国舫的学术报告必须竖起耳朵，打起精神，因为同一内容的学术报告，他只做一次。他曾多次婉言谢绝邀约报告的单位，原因是邀请他讲的主题重复，"我已经讲过了，去看录像和报道就行了嘛，没有新的内容，我去讲什么呢？"沈国舫在指导研究生的选题时对创新的要求更为严格，选题不能立足科技前沿的，肯定不过关。陈鑫峰博士的研究内容是"京西山区森林景观评价和风景游憩林营建研究——兼论太行山区的森林游憩业建设"，这在2000年左右是十分崭新的课题。研究选题时，陈鑫峰心里有过矛盾，但沈国舫站在国际林业发展大势以及人民生活水平不断提高的社会层面进行了详细分析，打消了他的顾虑，也激发了他的兴趣。他由此开始坚持研究，逐步成为我国森林旅游、森林游憩领域的专家型领导。沈国舫鼓励学生们按照意愿兴趣开展创新，博士刘勇的专业是森林培育学，但由于工作需要和自己的天性驱使，刘勇从系统的角度研究人的创造力，出版了专著《感悟创造：复杂系统创造论》。当刘勇怀着忐忑的心情邀请先生作序时，沈国舫并没有对他这看似"不务正业"的研究有任何责怪，反而在序言中给予刘勇极大的鼓励。沈国舫一直坚持"教学相长""互相促进"，他认为只靠研究生创新是远远不够的，教师的教学也需要不断推陈出新，在编写《中国主要树种造林技术》（第2版）时，沈国舫提出要拿出新思路，解决新问题，列举新案例。如果还是在用之前的内容和案例，味同嚼蜡，新版教材又如何体现呢？细心的读者会发现，不论是《森林培育学》还是《中国主要树种造林技术》，每一版的编排体例、内容案例等都有大篇幅的变化，教材紧跟新形势，更具生命力。

## 四、以综合素质提升为目标的学术厚度培养

沈国舫认为高质量的研究生一定建立在学术知识有深厚积累的基础之上。过硬的综合素质应该包括精研的专业能力、丰厚的知识储备、高雅的审美情趣和强健的身体素质。

专业知识要突出"精"。作为林业教育家，沈国舫在1995年对21世纪的高等林业科技人员的专业素质进行了详细的阐释，限于当时的教育条件，这些要求是主要针对研究生培养提出的，包括"植物（特别是树木）的分类识别能力、森林立地环境的分析判断能力、测绘成果使用及遥感相

片的判读能力、科技资料查询综合能力、一般仪器仪表使用能力、普通林业机械（包括汽车和拖拉机）的驾驭能力，语言文字表达能力、外语交流能力、计算机操作能力、统计分析及经济核算的能力、人际关系处理及组织群众工作的能力、自学提高及进行科研的能力等。"沈国舫提倡导师要充分了解研究生的专业水平，因材施教，授人以渔，激发学生的专业学习兴趣，提升专业水平。他告诫研究生，必须尽可能追踪科技前沿，不能生搬硬套他人的成果和方法，不能走前人走过的老路，这对研究生们毕业之后的发展也起到了重要作用。

知识储备要追求"博"。像海绵一样不断吸收新鲜的知识，是沈国舫对研究生提出的基本要求。他说："编教材要看大量的书，搞科研也要看大量的书，不能仅局限于自己的专业，还要尽可能多涉猎其他领域的知识。""我实在为有些青年不珍惜自己的青春，把时间浪费在闲聊、搓麻将等无聊活动之中而感到可惜。"沈国舫酷爱读书，同时也要求研究生加强阅读，博览群书。他总说，没有大量的阅读，高质量的阅读，知识难以更新，就很难跟上时代的要求。"我总是把博览群书作为一种人生高级享受和追求目标，也因此经常为自己的时间不够用，不能尽兴阅读自己想看的书而感到遗憾。"沈国舫的阅读范围很广，从林学类的专业书籍，到自然地理、地植物学、植物生理学、农业科学方面的书籍；从高尔基全集，到托尔斯泰《战争与和平》、肖洛霍夫《静静的顿河》等。至今他还坚持每天要读书读报2个小时，《人民日报》《光明日报》《参考消息》《环球时报》都是他的案头读物。他经常和学生们讲读书的方法，认为要精读、泛读、带着问题读、结合实践读。对于自己专业领域的书籍，必须要精读，翻来覆去地啃。对于一些只需了解的读物，泛读即可。发现工作和学业中的问题，就要学会带着问题读书，结合实际在书中找到答案。总之，沈国舫对研究生们的读书要求就是"当个知识分子就要多泡图书馆，这是理所当然的。"

对待学术要发现"美"。和沈国舫接触久了，会发现他虽然研究的领域是自然科学，但却是一个对人文、历史颇感兴趣，对音乐、艺术等也十分关注的情趣高雅的人。沈国舫经常要求研究生要提高审美情趣，带着发现美的眼睛来看待世界，搞好研究。陈鑫峰在开展森林游憩的研究时，沈国舫不止一次地提醒他要在审美上下功夫，在理论上补齐美学短板，在实践上深入森林，感悟森林之美。为此，陈鑫峰自学了大量美学、旅游学的基础知识，还一年四季泡在京西山区，观察森林四季变化，取得了诸多

图 5-16　沈国舫（中）
为青年学子签名赠书

第一手的资料。较早开展城市林业研究的贾黎明曾经谈道："先生是国内对森林风景游憩功能最先关注的学者，他从森林中看到了美，感受到了进入森林休闲的愉悦"。沈国舫还经常撰写科普类文章，把科学知识、审美价值普及推广，他把森林培育的专业知识通过浅显易懂的《从刨坑栽树谈起》来宣讲，撰写了《从山楂树谈起》《也谈银杏》等科普美文，深受读者喜爱（图5-16）。

身体素质要做到"强"。没有过硬的身体素质，怎么能应对高强度的科研工作。沈国舫经常告诫弟子们，林业是艰苦的行业，大部分地区交通不便，深入实地调研实验，必须要强健体魄。他要求研究生有意识地参加体育锻炼。担任校长期间，他很关心学校的体育事业，设立体育工作部，倡导定期召开体育运动会，还经常鼓励自己的学生参加比赛，在体育竞争中磨炼意志。沈国舫每天早晚坚持散步，打太极拳，每周一次游泳锻炼。如今，年近90岁高龄的沈国舫，身体十分健康，每次调研都要徒步进入深山老林，而他的众多研究生也都保持着锻炼身体、强健体魄的良好生活习惯。

# 参考文献

北京林业大学校史编辑部. 北京林业大学校史(1952—1992) [M]. 北京: 中国林业出版社, 1992: 225, 261.

沈国舫. 办好有中国特色的林业高等教育[M]//张岂之. 中国大学校长论教育. 北京: 中国人事出版社, 1992: 387-396.

沈国舫. 从刨坑栽树谈起[N]. 人民日报, 1962-03-04.

沈国舫. 林业高等教育如何面向21世纪[J]. 中国林业教育, 2000(1) : 4-6.

沈国舫. 培养什么样的人的问题是高等教育需要解决的首要问题[J]. 林业教育研究, 1989 (4) : 1-2.

沈国舫. 浅谈中国林业教育应具有的特色[J]. 林业教育研究, 1983(试刊) : 12-16.

沈国舫. 图书馆和我的读书生活[J]. 林业图书情报工作, 1995(2) : 5-7.

沈国舫. 我参与中国工程院咨询研究工作的几点体会[J]. 中国工程院院士通讯, 2009(12) : 40-41.

《一个矢志不渝的育林人: 沈国舫》编委会. 一个矢志不渝的育林人: 沈国舫[M]. 北京: 中国林业出版社, 2012.

沈国舫. 在一片"废墟"上建设一所全国重点高校[J]. 中国林业教育, 2000(5) : 5-7.

沈国舫. 走向21世纪的林业学科发展趋势和高等人才的培养[J]. 中国林业教育, 1995(4) : 13-17.

王慧身. 关于我校争取与利用世界银行贷款工作的回忆[M]//《流金岁月, 走笔北林》编委会. 流金岁月, 走笔北林. 北京: 中国林业出版社, 2012: 211.

殷楠, 沈国舫. 万千牵挂在林海[N]. 经济日报, 2009-10-11(8) .

中国林学会. 第十六届全国森林培育学术研讨会在安徽农业大学成功召开[EB/OL]. (2016-11-29) [2020-10-10]. http://www.csf.org.cn/News/NoticeDetail. aspx?aid=26856.

# 第六章

# 拓展，从林学到生态保护和建设

图 6-1　沈国舫面对昆仑山保护区陷入沉思

　　中国科技经历了70年的从小到大、从弱到强、从单一到综合的非凡发展历程。国家强盛、民族富强、社会稳定，为科技进步奠定了良好的环境基础，也为科学家的发展搭建了广阔的平台。在这样的背景下，沈国舫的研究领域逐步从林学拓展到生态保护和建设领域，他在生态领域作出了理论贡献，主持或参与了水资源系列战略咨询研究，以及农业、林业、环境和生态文明方面的咨询（图6-1）。作为专家组组长开展了三峡工程的多项评估，他为国家重大工程的决策贡献了力量，产生了深远的影响。

# 第一节

# 在生态领域的理论贡献

沈国舫的主要专业是森林培育学，但在生态学领域也有一席之地。他对生态学情有独钟，在学生时代就对学习森林生态学有偏好，那时称为森林学或林理学，后来多次强调生态学是森林培育学的主要基础。工作后，他大量研究生态学的书籍，曾经与李文华院士一起翻译过生态系统学方面的重要论文，在20世纪80年代曾经因工作需要兼任北林森林生态教研组的主任和生态研究室的主任。他的研究工作中也包括了森林生态系统的物质循环和树木的抗旱生理生态方面的内容，实质上都是生态学的范畴。在成为中国工程院院士，尤其是担任中国工程院副院长以后，由于工作面拓宽，大大超出了林学范围，更多地涉及农业、水利以及广义的生态环境领域。可以说，沈国舫在生态领域的理论贡献，是他从林业科学研究到生态环境领域国家政策制定、重大决策咨询、重大工程评价工作的实践积累，是他走遍我国30个省（自治区、直辖市），跋山涉水翻山越岭的真切认知，是生态保护和建设理论探索与中国本土实际特色充分融合的经典范式。

## 一、生态保护和建设的理论研究

沈国舫全面厘清了生态保护和建设的概念，辩证阐释了生态领域"保护和建设"的关系，系统划分了基本活动类型。

生态保护和建设涉及多个概念，如生态、环境、生态保护、生态建设、生态修复、生态工程等，对此沈国舫撰文详细阐释。他认为需要对保存（reservation）、保护（protection）、保育（conservation）、培育（cultivation）、修复（rehabilitation）、改良或改造（amelioration/reconstruction）、恢复重建（restoration）、更新（regeneration）、人为新建（new establishment）等概念有基本认识。根据原生生态退化的情况，需要重点理解生态保护、生态保育、生态修复、恢复重建、人为新建等概念（表6-1）。

表 6-1　生态保护和建设的基本概念

| 名词 | 概念解释 |
| --- | --- |
| 生态保护（protection） | 通过各种人为保护活动使自然生态系统少受各种干扰影响而继续保存其原生态 |
| 生态保育（conservation） | 生态保护和适当的培育措施相结合，成为生态保育行为，包括抚育管理、促进更新等 |
| 生态修复（remediation/rehabilitation） | 当自然生态系统已经受到强烈干扰破坏而严重退化，需要采用更为有力的人为措施，如封禁、抚育、促进更新、人工补植等 |
| 恢复重建（restoration） | 必要时，为了提高其生态系统服务功能而对其群落结构和组成采用改造（reconstruction）或改良（amelioration）措施，如实际工作中的次生林改造、草场改良、湿地修复等 |
| 人为新建（new establishment） | 原生生态系统已经消失或难以追溯，需要人为地去建设一个与原生生态系统相类似的人工生态系统，或者因势利导改变土地利用方式，如建成人工林、人工草场、人工湿地等 |

　　沈国舫辩证阐释了生态领域"保护和建设"的关系，而非单纯把"生态保护"和"生态建设"割裂分析。他认为生态保护和建设是综合应用于生态系统管理（ecosystem management）之中的，应该因地制宜地采用保护或者建设的方法。但实践中，一些地方对保护还是建设中的"度"掌握不准，缺少科学指导，一方面存在过于强调人为活动、忽视自然规律的偏向；另一方面也出现过单纯依靠被动的保护而忽视加强抚育管理、修复更新和合理利用生态系统综合服务功能（指生产、调节、支持和文化功能）的偏向。沈国舫对于二者关系的阐释并非单纯的折中，而是提出针对某一区域的生态退化情况做细致全面的分析，客观分析人力对自然生态改变的有效作用，把当时社会上出现的片面夸大、盲目自信的认识和"只需要生态保护，不需要生态建设"的单纯自然封禁论重新引回了正轨。

　　沈国舫从自然生态系统退化程度这个全新视角对人类的生态治理活动进行了重新划分，即对于原始或近于原始的自然生态系统采取生态保护；对轻微退化的自然生态系统应用生态保育措施；对于严重退化的生态系统采用生态修复；对完全被破坏和消失的自然生态系统要进行重建。既尊重自然环境本身，把生态保护和生态建设有机整合，成为统一的整体，使得单纯夸大某一方面的论调不攻自破；又对生态保护和生态建设中的人为作用进行了有针对性的区别，使得实际操作过程中能够有的放矢，不会因为概念理解的错误导致在政策执行层面出现较大的偏差。

　　自然生态系统主要包括森林、草原、荒漠、湿地、河湖水域、海洋等，对于原生生态系统在不同退化情况下采取程度不同的措施，包括生态保护、生态保育、生态修复和重建、新建不同于原有的新的生态系统。

人工生态系统因其系统类型的不同存在具体的差异，对于农耕地及人工牧场需要采取土壤修复、防护林建设、退耕还林还草还湿、农林复合经营、生态循环农业等；对于城镇地区，则应采用城市林业、风景园林、庭院绿化、人工复垦海滩建设等；对于不同类型的基础设施，还需要进行矿区修复、厂矿污染用地修复、厂区绿化、道路修复、水库岸修复等。

高层次生态系统的生态治理活动类型则包括：生态景观层次，通过土地利用规划调整景观内各生态系统的大小和类型，使之更为和谐健康；中小流域治理层次，在土地合理利用基础上对各生态系统进行保育、修复乃至新建林草植被；区域（江河流域或山系）治理层次，宏观的土地利用调控，各生态系统的保育、修复或新建，机构设置，政策调控及经费安排；地球生物圈层次，上述各项措施的总和，更加强调生物多样性保护和碳汇扩增。

## 二、对于"两山"理念的理解

2005年8月15日，时任浙江省委书记习近平在浙江安吉县余村调研时，首次提出"绿水青山就是金山银山"的重要论述，被称为"两山"理念，是生态文明的重要理论内容。

沈国舫阐释了其中的深刻内涵。他认为，"两山"理念的发展具有3个重要阶段。

第一阶段，"既要绿水青山，也要金山银山"。"绿水青山"指的是良好的生态环境，即健康优美的山水林田湖草自然综合体。"金山银山"指的是物质财富，即人民群众有较高的就业和收入水平，二者兼得是价值观和美好愿望的体现。

第二阶段，"宁要绿水青山，不要金山银山"。代表人民群众在解决了温饱问题达到了小康生活水平后在需求取向上的变化。人们愿意即使暂时牺牲一点物质利益，也愿意拥有良好的生态环境。要限制那些破坏生态、污染环境的产业发展，要用足够的投入和代价来改善生态环境。

第三阶段，也是最重要的阶段，"绿水青山就是金山银山"。一方面，表示"绿水青山"和"金山银山"并不是对立的矛盾方面，有了"绿水青山"，就有可能也更有利于得到"金山银山"，而且这是货真价实的"金山银山"，是健康安全的经济发展和物质财富；另一方面，也表示要使得"绿水青山"变为"金山银山"，是要付出努力，做好工作的。先

图 6-2 沈 国 舫 做题为《"两山论"与生态系统可持续经营》的报告

要努力建造好（或修复好）绿水青山这个优良的生态环境，又要接着努力安排好、经营好、管理好绿水青山这个自然综合体，使它发挥好最强的功能，取得最大的效益，然后才能得到真正的金山银山。搞好自然生态系统的可持续经营是这个转变的应有之义（图6-2）。

关于实现"两山"理念的主要途径，沈国舫认为，生态系统的服务功能，可分解为供给、调节、文化和支持四大部分。要维持和改善生态系统服务功能就要科学、合理、可持续地经营管理好所有生态系统，使之综合发挥其多种功能。以森林生态系统为例，要使其综合发挥服务功能，在优先发挥生态功能（调节、支持）、产生足够的生态产品的同时，还要取得一定的物质产品，产生足够的经济收益。

在实践中有4条途径：生产木材和其他林产品的途径、发展林下经济的途径、开展生态旅游和文化康养（养生、养老、养病）的途径、提供生态产品而获得生态补偿的途径。其他生态系统也具有类似于森林生态系统获得经济效益的途径。其中有的可以兼容，有的难以兼容，必须针对每一片森林和每一个地区的具体情况加以分析。应尽量兼顾，又要各有侧重地争取每条途径的拓展，争取在维持和改善生态功能的同时获取更多经济收入。

### 三、建立以国家公园为主体的自然保护地体系

从2018年开始，沈国舫先后在昆明国家公园国际研讨会、敦煌国家公园与生态文明建设高端论坛、第四届世界人工林大会上做主旨发言，内容涉及国家公园，对中央加强国家公园建设起到了积极影响（图6-3）。

沈国舫认为，建立有中国特色的以国家公园为主体的自然保护地体

图 6-3 "院士专家讲科学"
之《生物多样性保护与自然
保护地体系建设》

系，要在习近平生态文明思想的指导下，坚持"一切为了人民"的政治观以及"人和自然和谐共生"的发展观，符合中国国情的客观自然条件，遵循实事求是的原则。

和谐共生：要处理好环境与发展的关系，既不能把国家公园当作一般公园那样去过度开发游憩旅游资源，也不能采用极端的环境主义的态度去对待。在自然保护地设置及生态保护红线划分上要再做审慎考虑，该保的保，该合的合，该扩的扩，该缩的缩，该撤的撤。解决历史纠纷，平衡保护和民生的利益关系。不必追求数量指标，红线范围不是越大越好，而要实事求是地考虑生态保护的必要性和紧迫性，以及如何有利于解决居住居民的民生需求，如何便于监督管理。对于不同类型自然保护地及其内部的区域，可以允许一些对生态保护无害，或可以和自然保护相兼容的生产经营活动。生态保护和生态系统可持续经营不都是对立的，在新的科学技术条件下，有些经营活动可以是低影响和无害的，甚至是对生态保护有促进作用的。对森林的采伐利用要有科学的规范和引导，不要一封了之。

符合国情：我国的自然禀赋与世界其他国家并不相同，建设国家公园要结合我国的实际自然条件。一是我国地域辽阔，自然条件（包括气候、水文、地质地貌、物种）多样，建设国家公园和自然保护地，不仅要考虑生物多样性，还需要综合考虑其他因素，覆盖面广、内容形式多样；二是我国人口众多，历史文化悠久，生态保护地的建立要考虑人口分布和历史遗留问题；三是注重保护当地原住居民，我国自然保护地的划分不是在一张白纸上作画，而是要照顾保护好原住居民的利益，包括经济收入、社会结构、风俗习惯、文教要求等，既不能一迁了之，又不能任其继续处于经济和文教的贫困状态。

实事求是：各种不同类型的自然保护地的布局和大小，国家公园内部功能区的设置和区划，都要遵照实事求是的原则，要有弹性和特色。建设国家公园不能只有黄石公园、班夫公园一种模式，而是可以有多种模式。自然保护地的规模宜大则大，宜小则小，保护的严格程度可以有等级差异。

## 四、生态保护和可持续经营的关系

对于我国在生态保护和建设、植树绿化等方面存在的问题，沈国舫认为是没有掌握好保护与发展之间的"平衡"，没有把握好"度"。包括以下几个方面：

（一）关于森林资源恢复程度

沈国舫一直关注的是森林覆盖率最高能到多少？是越高越好吗？如果从利益相关方的角度思考，植树造林本身也蕴含着巨大的经济投资和官运前途，但这并非科学合理的思考方式。经过多年对宜林地的研究和调查，沈国舫认为从全国范围来看，森林覆盖率规模达到25%～26%就可以了。"对于不宜造林的地方，不能一厢情愿地去造林。"宜林则林、宜湿则湿、宜草则草、宜漠则漠（包括荒漠和寒漠），在自然界各有各的位置，如无特殊要求，不必强行植树造林。科学造林设定的标准是在高成活率和高保存率的前提下，要能充分发挥林地的生产潜力和充分发挥应有的服务功能，要做到这一点，为首的条件就是要在真正的宜林地上造林。

那么，造林的注意力应该放在哪呢？仅仅盯着森林覆盖率显然是不可取的，要提升森林的质量，沈国舫曾经以江西省为例阐明了观点。江西省乔木林单位面积蓄积量为62.67m³/hm²，低于全国平均水平的89.79m³/hm²，虽与中幼龄林比例大有关，但还是有大幅提高的潜力。单位面积蓄积量虽是一个生产力指标，但它与生态功能指标基本同步，需要给予广泛关注。

（二）关于生态保护红线的范围

生态保护红线的划定不是单一的数字问题，其本质上是如何弹性施策。实际工作中确实存在"如果不确定数量指标，仅靠弹性掌握的政策往往执行偏颇"的现象。按照全国各类生态保护地11000多个，占国土面积的18%左右来计算，全国生态保护红线应划定在18%。但18%是否真的科学，需要用科学的观点衡量。沈国舫指出，一般欧美发达国家的自然保护地占国土面积的10%左右（或以下），号称世界公园的瑞士只有不到4%。从宏观层面，考虑到我国的许多自然保护地有重复设置现象，如自然保护区和森林公园重复设置；又考虑到我国单个三江源国家公园就占很大面积，各省对自然保护的积极性都很高，高于10%情有可原，但要达到18%是不是过大了，值得商榷。他列举了东北生态公益林的例子，生态公益林在东北林区占森林面积的2/3。要把自然保护地和生态公益林都划入生态红线，内蒙古大兴安岭林区有80%的林地面积划入红线，这对整个地区发展是否有利呢？有的国营林场本是速生丰产用材林基地，为了开拓旅游服务增加收入，积极申请改为森林公园，实际上只开放了一个角供旅游观光，那么是否有必要把这些林场全划入红线范围，从而限制它的生产经营呢？显然，沈国舫是从实际出发，从老百姓的利益角度，长远思考这些问题，而非对着地形图验算数据，增减百分比。

（三）生态保护和可持续经营的关系

基于上述思考，沈国舫提出，生态保护是自然生态系统可持续经营的一个组成部分，生态保护和其他可持续经营活动不是对立的，而是可以在不同情况下兼容的。绝对的原封不动的生态保护只是一小部分，指的主要是自然保护区核心区，是为子孙后代留的遗产。生态保护和旅游康养最容易兼容，但也要注意旅游开发的强度和游客的可容纳数量限制。生态保护和林下经济比较容易兼容，但也要注意发展林下经济对自然生态系统尽量减少干扰和破坏。生态保护和经济林发展一般在地域上是分开的，可以在统一规划下各得其所，但经济林发展也要注意保持水土和各个层次的生物多样性。生态保护应当得到适当的生态补偿，其补偿水平取决于国力和地方经济发展水平。

沈国舫认为最难处理的是木材生产。当前国内一些民众对采伐木材有十分负面的印象，是认识不全面、宣传不适当的表现。为了扭转这样的认识，2022年植树节前后，他专门撰文《伐木本无过，森林可持续经营更有功》，用科普的方式告诉广大民众，从森林的自然属性和人类的需求来看，伐木都十分必要；抚育间伐是经营森林的基本措施，伐木是培育健康森林所必需的步骤；从碳达峰、碳中和角度来看，木材利用恰是实现"双碳"目标的重要手段；号召广大民众要科学、理智地看待伐木，将其置于可持续发展的框架内予以解决。

沈国舫提出了生态保护和木材生产兼容的方式：除了自然保护区核心区之外的自然保护地可以开展抚育采伐、卫生伐、救生伐等活动；有些防护林可以允许兼顾木材生产，特别是北方的农田防护林，可以成为速生用材的重要来源；不必划分过多的生态公益林，可以发展生态和木材生产兼顾的多功能林；用材林经营也要注意维护生态功能，培育和采伐应有严格的生态约束规定，瑞士、奥地利山地森林的木材生产就是一个范例。

# 在水资源系列战略咨询研究中发挥巨大作用

水资源是基础自然资源，是生态环境的控制性因素之一；同时，又是战略性经济资源，是一个国家综合国力的有机组成部分。进入21世纪，水资源问题成为世界各国关注的重要研究课题。1998年长江和嫩江暴发大洪水，愈演愈烈的江河湖海污染问题等，引发了全国人民的广泛关注。

为了摸清我国水资源的底数，研判水资源能否支持社会经济的可持续发展，1999年，在国务院和有关部委的大力支持下，中国工程院"中国可持续发展水资源战略研究"启动。这也是水资源系列战略咨询研究的发端，后续又开展了"西北地区水资源配置、生态环境建设和可持续发展战略研究""东北地区有关水土资源配置、生态与环境保护和可持续发展的若干战略问题研究""江苏省沿海地区综合开发战略研究""新疆可持续发展中有关水资源的战略研究"和"浙江沿海及海岛综合开发战略研究"，这6个项目统称"水资源系列战略咨询研究"。沈国舫在"中国可持续发展水资源战略研究"项目中担任"生态环境建设与水资源保护利用"课题组组长，在其余5个项目均担任项目组副组长。2011年后，他还主持完成了"淮河流域环境与发展问题咨询项目"（图6-4）。

图 6-4　2005 年，沈国舫（前排右一）在水资源项目座谈会上

## 一、"水资源系列战略咨询研究"成果简述

"水资源系列战略咨询研究"是以钱正英为首的院士专家团队打造的中国工程院工程科学领域的战略咨询示范，开创了我国工程科技战略系列咨询的先河，具有标杆和示范作用。

（一）"中国可持续发展水资源战略研究"（简称"全国水资源项目"）

该项目缘起"1998年长江特大洪水"，为了摸清我国水资源的底数，研判水资源能否支持社会经济的可持续发展。中国工程院组织了覆盖地理、地质、气象、水文、农业、林业、水利、土地、水土保持、生态环境、城市建设、环境工程、社会经济等有关学科的43位两院院士和近300位院外专家开展研究。

该项目瞄准2030年我国人口资源社会经济发展总趋势，客观深入分析了水资源紧张的现实，提出"以水资源的可持续利用支持我国社会经济的可持续发展"的总战略目标。实施"八个战略性转变"：一是防洪减灾，从无序、无节制地与洪水争地转变为有序、可持续地与洪水协调共处的战略，要从以建设防洪工程体系为主的战略转变为在防洪工程体系的基础上建成全面的防洪减灾工作体系；二是农业用水，从传统的粗放型灌溉农业和旱地雨养农业转变为以建设节水高效的现代灌溉农业和现代旱地农业为目标的战略；三是城市和工业用水，从不重视节水、治污和不注意开发非传统水资源转变为节流优先、治污为本、多渠道开源的城市水资源可持续利用战略；四是防污减灾，从以末端治理为主转变为以源头控制为主的综合治污战略；五是生态环境建设，从不重视生态环境用水转变为保证生态环境用水的水资源配置战略；六是水资源的供需平衡，从单纯地以需定供转变为在加强需水管理基础上的水资源供需平衡战略；七是北方水资源，从以超采地下水和利用未经处理的污水维持经济增长转变为在大力节水治污和合理利用当地水资源的基础上，采取南水北调的战略措施，保证北方地区社会经济的可持续增长；八是西部水资源，从缺乏生态环境意识的低水平开发转变为与生态环境建设相协调的水资源开发战略。

为了实现以上转变，必须进行3项改革，即水资源管理体制的改革、水资源投资机制的改革、水价政策的改革。

（二）西北地区水资源配置、生态环境建设和可持续发展战略研究（简称"西北水资源项目"）

该项目于2001年5月启动，以自然地理范畴的西北地区为研究范围，以水资源为中心，以生态环境的保护和建设为重点，以工业、农业和城镇建设都能

可持续发展和缩小东西部差距为目标，展开跨学科、跨部门的综合性、战略性的研究。

项目建议包括：加强水资源统一的管理；干旱和半干旱区的植被建设以封育为主，退耕退牧还林还草；防沙治沙重点是防治原有耕地、草地、林地的沙化；加强农业基础地位，增加对农牧业的资金投入；因地制宜地保证粮食供需平衡；发展工矿业，推进城镇化；在加快发展经济的同时，坚决防治水环境污染；实施少生快富的人口政策，消除贫困；建设南水北调的西线工程；建立西北地区生态环境建设的部门协调机制。该项目对西北干旱区水资源配置起到了重要的指导作用。

（三）东北地区有关水土资源配置、生态与环境保护和可持续发展的若干战略问题研究（简称"东北水资源项目"）

东北地区不仅工业发达，而且有我国最大的林区和最好的草原，也是全国最大的商品粮生产基地。由于长期粗放式生产经营，部分工农业濒临衰竭，环境受到严重损害。为了响应中央关于振兴东北地区等老工业基地的决策，2004年4月，中国工程院启动该项目。

该项目提出8项建议：东北地区土地利用的总体格局应当是，耕地总量不再增加，林、草、湿地不再减少，城市和工矿用地合理控制；开发农业的巨大潜力，建设我国最大的农产品基地；进一步采取措施，保证东北林业的可持续经营；促进城镇化健康发展，合理解决城市的水源危机和煤矿城市的地质灾害；加强地质勘探，提高资源保障程度；将保护水环境、防治水污染作为振兴老工业基地的重大任务；西部地区应节制社会经济用水，保护生态与环境；水资源配置应为人与自然的和谐发展创造条件。

（四）江苏省沿海地区综合开发战略研究（简称"江苏沿海项目"）

该项目于2006年10月，由中国工程院、国家开发银行、江苏省人民政府联合启动。该项目中"水资源"已经不是主要因素，能源电力、滩涂开发和港口建设更加重要。因此，项目组织30多位院士、200多位专家，开展了核电、风能、新能源、石油和天然气、滩涂资源、农业、城镇、水利、港口与交通、生态环境、工业等11个课题研究。

项目主要研究结论是：建议将江苏沿海地区设为国家重点开发区域，将该地区建设成为我国东部地区新的经济增长点和全面实践科学发展观的示范区。为此需要开展的工作包括：一是加快连云港发展，把连云港作为陇海经济带重要的出海口，设立连云港保税港区；二是实施大规模沿海滩涂围垦工程，实现近期开发270万亩、远期达到700万亩的目标；三是加快发展现代农业，建设现代农业示范区；四是坚持走新型工业化道路，设立国家级循环经济试点园区；五是建设新能源基地；六是加强环境保护。

（五）新疆可持续发展中有关水资源的战略研究（简称"新疆水资源项目"）

该项目是"西北水资源"的后续。中国工程院组织了9个课题组、20位院士、100多位专家多次深入新疆实地考察调研。研究成果显示，与世界同类干旱区相比，新疆水资源相对丰富，可支持社会经济的可持续发展；但新疆水利建设过程中，存在水资源过度开发、用水效益低等问题。无序开荒、灌溉面积过度扩张造成农业用水量过大、用水比例过高，是新疆水资源开发利用过度的根本原因。

报告建议，新疆的耕地政策应与其他省（自治区、直辖市）不同，其耕地总量需适当压缩，不宜作为国家粮食基地。新疆农业发展应采取扎实措施，推进现代化农业建设，将农业节水工程作为重大水利基础设施立项。全面有序地安排水利建设，水利工程建设应向南疆三地倾斜，并在部分地区进行农业用水的水权置换，以推进工业化和城市化进程。

（六）浙江沿海及海岛综合开发战略研究（简称"浙江沿海项目"）

浙江沿海项目于2010年2月正式启动，该项目明确了浙江省具有两大独特优势，即广阔的海洋空间，尤其是众多的海岛及其区位优势，还有浙江沿海地理条件适于实施"以核能为主，辅以抽水蓄能及风能利用"的新能源发展战略（图6-5）。同时，浙江省又必须认真对待处理好开发与生态环境保护之间的矛盾，把科学发展真正落到实处。在此基础上，项目组

图 6-5　2011 年，沈国舫（中）考察浙江沿海项目

提出了5项主要结论和7项主要建议，其中突出了"建设舟山群岛新区"和"建设以核电为主的清洁能源示范省"作为加快转变发展方式的着力点，建议列入国家"十二五"规划。

（七）淮河流域环境与发展问题咨询项目（简称"淮河流域项目"）

在结束了浙江沿海项目后，钱正英因年龄原因，不再牵头做战略咨询。2011年，时任中国工程院院长的周济希望把战略咨询延续好，邀请沈国舫牵头再做一个咨询项目，征得钱正英同意，开展淮河流域可持续发展的咨询研究项目，由沈国舫担任组长，钱正英担任顾问。

该项目分析了淮河流域的自然条件及社会现状，以及淮河流域可持续发展面临的问题和挑战，提出了淮河流域发展的战略思路及对策措施，强调淮河流域要着力提高农业综合生产能力，走新型工业化和城镇化道路，开展有效的生态保育和污染防治，强化流域管理，推进淮河流域水利建设，建成生态文明建设综合示范区。

## 二、提出多项政策建议，为国家战略发展提供有力支撑

在"西北水资源项目"咨询时，沈国舫亲自撰写《生态环境建设的概念和内涵》，指出"生态环境建设的核心是要限制或取消那些引起生态系统退化的各种干扰，充分利用系统的自我修复功能，适当施加人为措施，达到恢复和改善生态环境的目的。因此，生态环境建设的基本任务应当是保护和恢复重建自然的生态环境，而不是脱离原来的自然基础，去盲目地建设一个新的生态环境。"这一内容被原文不动地引入到综合报告。他明确指出："西北地区的生态环境十分复杂，退耕还林必须因地制宜，植被建设宜乔则乔、宜灌则灌、宜草则草以至宜荒则荒。"打破了当时社会一些以"将西北建成塞外江南"为理想的说法。

在"东北水资源项目"咨询时，项目组设立了林业课题组，沈国舫主持起草报告，提出了多项对东北林区建设具有战略意义的建议。报告建议把东北的天保工程延续20～40年，为东北林区争取恢复时间，指明重保轻抚的问题。大力呼吁林区政企分离、棚户改造，还对东北林区生态建设格局、农田防护林更新利用，加强灌草治沙以及建立健康的草地畜牧业等提出建议，切中要害，具有很强的指导意义。

在"新疆水资源项目"考察时，沈国舫专程考察新疆西天山林区的天然林保护及南疆和田地区的防沙治沙工作，呼吁国家林业局和新疆维吾尔自治区领导，用森林科学经营支持森林保护；走改善天然草场和建设高质

量人工草场相结合的路子，提供牧民广阔的就业空间。

在"浙江沿海项目"咨询中，针对当时浙江沿海地区纷纷在滩涂上无序填海造陆的开放模式，沈国舫提出建议，要高度重视滩涂的生态功能，在滩涂上可采取农业、城镇和工业以及生态"三三制"方式合理开发。后来的发展证明了该模式的重要性和合理性。

时任国务院总理温家宝曾多次听取院士专家组的汇报，他指出："院士、专家们从民族生存发展和综合国力竞争的战略高度审视中国的水问题和可持续发展问题，体现了忧国忧民的高度责任感和振兴中华的强烈愿望。"这是对全体院士专家的褒奖，这褒奖中也饱含着对沈国舫的付出和贡献的肯定。

### 三、担任钱正英的主要助手，发挥关键作用

钱正英参与和领导中国水利事业60余年，新中国所有大江大河上的重大水利水电工程，几乎都留下她闪光的足迹，都有她的心血与汗水。她参与了众多的水电工程建设，领导解决了多项施工中的重大技术难题，"水资源系列战略咨询研究"就是其中的代表。钱正英是中国科学界公认的战略科学家，她具有强烈的爱祖国爱人民的热忱，长久而宽广的政治阅历，深厚的专业实践基础和广博的知识面。她不辞辛劳，乐于亲自调查研究，又热心好学、作风民主、知人善任，善于发挥集体智慧，善于认知和汲取新生事物和新生理念。沈国舫一直视其为自己仰望的标杆、学习的楷模。

从"西北水资源项目"开始，沈国舫开始担任项目组的副组长，辅佐钱正英工作，除了事务性的管理工作外，钱正英非常欣赏沈国舫的科学态度和科学精神。2012年，沈国舫文集《一个矢志不渝的育林人——沈国舫》出版，钱正英欣然作序，"这个课题研究的主要内容是生态建设，特别是以林为主的植被建设与水资源的关系。在这个问题上，林业界和水利界有相当大的认识差距，主要分歧是如何评价森林的水源涵养和水土保持作用，如何评价森林植被对水资源的消耗。老实说，我过去在行政岗位时，接触一些林业部门的行政负责人，感到他们不具体分析森林对水源涵养的作用，片面夸大森林对防洪和抗旱的作用……这次接触到沈国舫，感到他确实是一位有水平的科学家，他虚心听取各方面的意见后，对这个问题作出全面、客观、令人信服的评价，不仅纠正了林业界的某些片面认识，也纠正了水利界的片面认识。"评价之高，也可以从这篇序言的名字《挚友沈国舫》中略见一二。

图6-6  2005年，沈国舫（左）与钱正英一起考察

钱正英和沈国舫之间的信任，是在对科学态度的共识和多年工作友谊之上形成的（图6-6）。"水资源系列战略咨询研究"曾经在2001—2011年间先后6次向温家宝汇报，每一次钱正英都邀请沈国舫陪同。2011年4月汇报"浙江沿海项目"时，钱正英已经有些听不清楚，她特意让沈国舫坐在旁边，说："如果总理问什么问题我听不清，你就提示我，也可以代我作答。"这种信任让沈国舫深受鼓舞，也正是这种信任，让钱正英推荐沈国舫担任她最为看重的三峡工程的第三方评估的专家组组长；还让沈国舫接过了"水资源系列战略咨询研究"，担任组长开展"淮河流域项目"。

## 四、全程参与咨询项目，形成战略咨询示范标杆

"水资源系列战略咨询研究"前后历经12年，从最初的模式探索到后期的成熟组织运行，沈国舫全程参与，为战略咨询项目的科学管理贡献自己的智慧。

首先是选准主题。战略咨询项目的选题要有针对性，客观上有需求，或是重大规划决策中的意见看法不统一，或是实际工作中有重大问题需要解决；要有战略性，是宏观层面的问题，不是纯技术层次的；要有综合性，大多包含社会、科技、经济、工程等多领域多学科的交叉，不是一个专项团队可以解决的。

其次是队伍组织。目前采用的"项目—课题—专题"三级式的组织结构模式，是沈国舫和其他院士专家经过几次咨询项目的经验积累、固定下

来的。课题组各自独立，便于专项研究；又相互有联系，便于碰撞交流。项目组设置顾问组，便于一些层次很高但工作繁忙或是年龄较大、精力有限的院士发挥作用；课题组下设专题组，便于中青年专家发挥领域研究所长，也能起到培养青年科技工作者的作用。战略咨询项目对于研究队伍的专家选择要求较高，需要多学科共事合作、老中青结合且具有国内顶尖水平的专家队伍，往往仅以中国工程院的院士不足以满足团队条件，会邀请中国科学院、社会科学院和国内顶尖大学及研究院所的专家加盟。每一次大型项目的咨询，都会齐聚国内相关领域的顶尖专家，也为大家交流沟通搭建了良好平台。沈国舫在其中发挥了重要的组织协调和领衔作用。

第三是细致筹备。沈国舫通常把重心放在大纲的编制和确定中，他非常重视、亲自审核大纲内容和人员选择。如在"西北水资源项目"中，他就曾向钱正英力荐石玉林担任项目组副组长。在"浙江沿海项目"中，涉及海洋渔业领域，他专程邀请中国水产科学研究院的唐启升。在"浙江沿海项目"综合考察之前，他就带领几位专家先到浙江杭州，与浙江省林业厅领导专门座谈，请中国科学院亚热带研究所的专家支持调研。

第四是综合考察。这是做好大型咨询项目研究的一条成功经验，从"西北水资源项目"开始，每一个咨询项目都组织了比较庞大的综合考察。只要时间允许，沈国舫都积极参加，一方面了解基层的实际情况，另一方面也拿出专门的时间和课题组成员沟通交流、统一思想。即使没赶上综合考察，他也会根据自己关注的点，进行专题的独立考察。

第五是汇聚成果。一般情况下，战略咨询项目的综合报告，主要论点和结论都需要院士专家们几轮的集体探讨和反复论证，经常组织召开课题组组长进行会议研讨，有时候钱正英因事不能出席，沈国舫代为主持。难能可贵的是，"水资源系列战略咨询研究"的综合研究报告几乎都是项目组长钱正英亲自动手主持撰写的。沈国舫会对他负责的具体课题提出明确的指导性意见，对于重要结论、重大政策建议等，他都亲自撰写或修改定稿。对综合项目的建议，他也反复推敲，提出建议。

第三节

情系三峡，主持三峡工程建设评估

　　长江三峡水利枢纽工程，简称"三峡工程"，是迄今为止世界上最大的水利水电工程；是新中国成立后，解决长江千百年未解决之水患难题，把水患变成水利的壮举。1992年4月3日，全国人大七届五次会议通过了《长江三峡工程决议案》。1994年三峡工程正式动工兴建，2003年开始蓄水发电，2009年全部完工。沈国舫前后3次作为评估专家组组长对三峡工程进行深入细致的评估，作出全面客观的科学评价，消除了社会负面舆论，让广大民众更加深入了解三峡工程、认识三峡工程。

## 一、三峡工程的3项重要评估简介

　　我国对三峡工程开展了多次重要评估，其中三峡工程阶段性评估、试验性蓄水阶段评估和第三方独立评估尤为重要。沈国舫分别担任了这3次评估的专家组组长，为三峡工程建设付出了巨大的辛劳，作出了重要的贡献。

### （一）三峡工程阶段性评估

　　2008年11月，三峡水库基本建成，大型水利枢纽工程的辉煌成果尽在眼前，但也伴随着人民群众的各式疑虑。为了总结成功经验，摸清现存问题，提出意见建议，国务院要求中国工程院对三峡工程进行阶段性评估。中国工程院成立了由徐匡迪任组长的评估领导小组，沈国舫任组长的评估专家组，37位院士和近300位专家参加，评估工作涵盖了地质与地震、水文与防洪、泥沙、生态与环境、枢纽建筑、航运、电力系统、机电设备、财务与经济以及移民等10个课题。

　　综合评估认为：三峡工程在1986—1989年论证工作与可行性研究所做的"建比不建好，早建比晚建有利"总结论以及推荐的175m水库正常蓄水位、"一级开发，一次建成，分期蓄水，连续移民"建设方案，为党中央、国务院和全国人大的决策提供了科学依据，并经受了工程建设和初期运行的实践检验。实践证明，三峡工程的论证工作与可行性研究的总结论和建设方案是完全正确的。阶段性的评估结论是：三峡工程规模宏大，效益显著，影响深远，利多弊少，是一项伟大的工程，是我国建设社会主义新时代的杰出工程的代表作。三峡工程凝结了亿万人民群众的殷切期望，几代国家领导人的决策情思，千万工程技术人员的智慧结晶和广大建设者的劳动热情。这项伟大工程是中华民族的骄傲，将得到广泛而久远的称颂，对于三峡工程存在的和可能出现的问题，我们应当认真负责、逐个予以分析认识，防范治理，妥善解决，使三峡工程的"利"拓展到最大，而将"弊"控制到最小，为国家发展和人民福祉作出尽可能大的贡献。

（二）三峡工程试验性蓄水阶段评估

2008年，三峡工程进入了正常蓄水位175m的试验性蓄水，当年蓄水到172.80m，2009年试验性蓄水到171.43m，2010—2012年都蓄水到了175m设计水位，达到了试验性蓄水目标。为了做好竣工的准备，阶段性总结三峡工程175m试验性蓄水工作，国务院三峡工程建设委员会于2012年11月委托中国工程院开展了三峡工程试验性蓄水阶段评估工作，下设水库调度、枢纽运行、生态环境、地质地震、泥沙、移民、经济和社会效益以及综合评估共8个课题组，共邀请19位院士、150多位专家。

试验性蓄水阶段评估认为：三峡工程在2008—2012年正常蓄水位175m试验性蓄水期间，开展了大量的监测、试验、考核和研究工作，各项成果充分表明，水库的调度方式取得了宝贵经验并已基本成熟，枢纽工程和输变电工程运行正常，生态环境受到一定影响但总体可控，水库地震最大震级低于预期并渐趋平稳，库区地质灾害发生频次趋缓且防治有效，泥沙问题及其影响未超出设计预期，移民安置经受了水库蓄水和自然灾害考验，库区和移民安置区社会总体稳定，工程的综合效益充分发挥并有所拓展，表明三峡工程已具备转入正常运行期的条件。

（三）三峡工程建设第三方独立评估

2013年12月，为了配合三峡工程的竣工验收，国务院三峡工程建设委员会委托中国工程院在"三峡工程论证及可行性研究结论的阶段性评估"和"三峡工程试验性蓄水阶段评估"的基础上，组织开展对三峡工程建设整体的第三方独立评估工作，全面总结三峡工程建设的成功经验，科学评价三峡工程的综合效益，准确分析三峡工程的相关影响（图6-7）。

独立评估结论是：三峡工程规模宏大，效益显著，影响深远，利多弊少。由于论证充分，决策科学，从根本上保证了工程建设的顺利进行。

工程初步设计规定的建设任务提前一年完成，工程建设质量符合技术标准，满足设计要求。在工程建设过程中，坚持科技创新，在水利水电工程建设、输变电工程建设和机电设备设计制造方面，实现了技术上的跨越式发展；坚持深化改革，落实"四制"（项目法人责任制、招标承包制、工程监理制、合同管理制），有效地控制了质量、进度和投资；坚持以人为本，贯彻开发性移民方针，成功实现了百万移民的搬迁安置。工程建成后，遵循"安全、科学、稳定、渐进"的原则，实施了175m正常蓄水位试验性蓄水，防洪、发电、航运和水资源利用等效益全面显现，并为三峡－葛洲坝梯级枢纽的优化调度积累了宝贵经验。工程建设对生态和环境的影响有利有弊，但均处于受控状态。为实现百万移民安稳致富和库区经济社会又好又快发展，继续推进生态修复和环境保护，进一步拓展和充分发挥工程的巨大综合效益，国家出台了《三峡后续工作规划》，并已在顺利实施。三峡工程第三方独立评估报告的出台构成了国家最后完成三峡工程验收的主要依据。

## 二、心怀国之大者，勇担国家重任

三峡工程是迄今为止唯一由全国人大表决决定修建的工程，这在中国大型工程建设历史上是绝无仅有的，不仅说明了三峡工程的重要性和复杂性，蕴含其中的还有深远的影响和一定的争议。2008年，在三峡工程建设即将完工之际开展的阶段性评估，承担着重要而艰巨的责任和使命，要通过评估从第三方的角度全面深入认识这项超级工程，总结经验，查找不足，提高认识，用科学明确的结论以正视听。如何评估这项重要的工程，如何保证客观公正全面科学，如何协调多领域各方面的顶尖专家同向用力，都是摆在评估专家组面前最为重要也甚为棘手的问题。因此，评估专家组组长的极端重要性不言而喻，人选的成功与否决定了评估工作的成败。

钱正英是提交全国人大审议的三峡工程方案的主要提供者，对三峡工程十分熟悉，考虑到工作的重要程度和专业性质，她向评估领导小组推荐沈国舫担任评估专家组的组长，当时由时任中国工程院院长徐匡迪为组长、时任中国工程院常务副院长潘云鹤为副组长的领导小组同意了这项提议。沈国舫担任评估专家组组长，充分说明了钱正英等老一辈科学家和中国工程院对沈国舫的国家责任和工作能力的充分信任。实践证明，这个推荐是十分正确的，沈国舫带着为国负责、为民负责的巨大热情全身心投入到评估工作中，提出综合报告框架，字斟句酌研究综合报告结论，亲自撰写总结论的结语，努力并出色地完成了阶段性评估任务。后续到了试验性蓄水阶段评估和第三方独立评估时，虽然沈国舫已经年过八旬，但他仍然以国家为重，以事业为重，继续承担组长工作（图6-8）。

沈国舫勇担重任，自己也引以为豪。正如他在"第三方独立评估报告"的后记中所写。参加评估的46位院士和300多位专家是在"深刻理解国务院委托的重大历史责任，充分体会三峡工程建设者们和广大人民群众的殷切关注"的基础上，兢兢业业、认认真真开展评估的。通过评估反映出"三峡工程这项在世界工程历史上具有独特地位的、国人可引以为骄傲的特大工程的整体面貌和光辉业绩，客观总结归纳出顺利完成这项巨大工

图6-8　2008年，沈国舫（左）
与时任中国工程院院长徐匡迪
考察三峡

程的宝贵经验和丰硕效益",虽然遇到了估计得到或者估计不到的问题,但"我们仍坚定地作出这样的结论:三峡工程是我国在中国特色社会主义建设道路上成功建成的杰出工程,它规模巨大、效益显著、影响深远、利多弊少。这项工程为长江经济带的繁荣发展打下了良好的基础,也是中国人民在中国共产党领导下,为实现中华民族伟大复兴的中国梦而迈出的重要一步和树立起的一个成功范例。我们通过参与这项评估工作而深受教育,也引以为荣。"

### 三、展现极强凝聚力,组织大规模集团作战

客观地讲,对三峡工程开展第三方独立评估,无论从被评估工程的体量、级别和影响力,还是从评估工作本身的难度、参与人员数量等考虑,在中国工程科技发展史上当属首次。虽然中国工程院有一系列咨询项目的成功先例,但评估三峡工程这个体量的超级工程,还是缺乏经验的。如果没有强有力的评估专家组为核心,可能会出现思路不清晰、调研不全面、结论不准确等问题,甚至在评估组内部还有意见相左的情况。

沈国舫深知评估专家组团队成员的重要性,他亲自拟定人选,组织班子。一方面,他担任过中国工程院的副院长,分管农林、环境、水利等学部,很多院士都钦佩他为人正派、为事公正、科学严谨、亲和儒雅的作风,因此他在院士中享有很高的威望,不同领域的院士们都喜欢和他共事;另一方面,中国工程院的领导也大力支持,提供了很多帮助。在阶段评估中邀请了潘家铮、罗绍基和高安泽担任副组长,下设10个课题组,也都邀请了两院院士和高层专家担任课题组的组长和副组长。到了试验性蓄水阶段评估,则邀请了陈厚群替代年事已高的潘家铮担任副组长,同时作为三峡工程质量监察组组长,另外两个副组长是陆佑楣和高安泽,下设8个课题组,基本沿用了阶段性评估的原班人马,但规模较小,共有19位院士和150多位专家。而以沈国舫为组长,陈厚群、陆佑楣、高安泽为副组长的专家评估组也延续到了第三方独立评估,强有力的专家评估团队成为高质量完成评估工作的重要保证。

### 四、坚守实事求是原则,客观评价利与弊

沈国舫坚持跳出三峡工程评价三峡工程,以科学为标尺,客观真实评价三峡工程的利弊得失。这种科学的态度也深深地感染着每一位参与评估的科技工作者。他带领评估专家组用大量的科学事实得出了"利多弊少"

的结论，一方面充分展示了三峡工程在防洪、发电、航运和下游水力调节的重要作用。多年平均防洪效益为76亿元，可抵御百年一遇的洪水，如果用上荆江分洪区，可以抵御千年一遇的洪水；三峡电站从首台机组投运到2013年12月，累计发电7119.69亿kW·h，实现了三峡电力全部及时输出，有力地缓解了华中、华东和南方电网的电力供需紧张矛盾。三峡船闸为双线连续五级船闸，是世界上规模最大、技术最复杂的内河船闸。

另一方面，评估专家组并不回避三峡工程对库区生态环境、坝下河床调整及两湖水文方面可能带来的不利影响。在第三方独立评估的综合报告中，评估组客观指出了三峡工程对生态的影响，"三峡工程建设对陆地生态有一定影响。各土地利用类型面积虽然有所变化，但基本结构并未改变；部分自然景观和文物被淹没，但水面升高也提高了部分景观的可达性；尽管蓄水淹没了部分动植物生境，但所采取的积极保护措施为物种保存和生境保护发挥了重要作用，并未造成物种灭绝；消落带生态问题较为突出，生态修复措施已初见成效，消落带逐步趋于稳定，但仍需重点关注；对水生生态影响明显，鱼类资源数量和产卵繁殖活动受到影响，在多种因素的综合影响下，一些珍稀水生生物面临灭绝威胁；水库蓄水对局地范围内的天气气候有一定影响，没有改变大尺度的气候格局，亦非极端天气事件产生的原因。目前看来，三峡工程建设对库区及其附近区域的生态影响处于可控范围之内。然而三峡工程建设与蓄水对生态系统的影响是一个长期而缓慢的过程，其生态影响后果需要足够长的时间才能显现出来，故需要继续加强生态系统及其变化的长期动态监测。"

对于社会各界非常关注的汶川大地震与三峡工程的关系问题，沈国舫撰文列举了大量科学事实和道理，由于两者所处的区域构造条件截然不同，没有区域构造上的联系：根据强震仪台阵的记录及现场宏观调查，汶川地震对整个三峡库区的影响烈度均小于Ⅵ度；三峡库区有厚度大的隔水层环绕，封闭条件好，与龙门构造带不存在直接的水力关系，三峡水库蓄水不可能"触发"汶川地震。

## 五、积极主动参与宣传，正面引导舆论

沈国舫不仅科学客观地评估三峡工程，他还把评估的过程和参与评估的感受分享给社会公众，通过多种形式与群众面对面交流，为大家释疑解惑，引导正面舆论。他曾参加了中央电视台《对话：再问三峡》（图6-9），解答三峡相关的问题；在王府井新华书店"首都科学讲堂"

畅谈三峡工程及其对生态环境的影响；2011年5月26日，沈国舫做客人民网强国论坛（图6-10），与网友面对面，直接回答网友的问题，这也开创了我国大型工程评估专家与普通网民直接对话的先河，具有良好的示范效应。三峡工程阶段性报告公开发表之后，大量的科学事实有力地引导了社会舆论，社会评价也更加客观理性。2015年，在三峡工程建设第三方独立评估之后，沈国舫依托评估结果，撰文对社会关注的八大焦点问题一一解答。

图 6-9　2011年6月12日，沈国舫做客中央电视台《对话：再问三峡》答疑解惑

图 6-10　2011年5月26日，沈国舫做客人民网强国论坛

# 第四节

# 国家层面的其他战略研究

除了"水资源系列战略咨询研究""三峡工程建设评估项目"这两个重大系列项目以外，沈国舫还把精力投入到了我国林业、农业领域的发展战略研究，生态文明若干战略问题研究等方面。2002年，从第三届"中国环境与发展国际合作委员会"开始，沈国舫成为代表中国工程院的中国环境与发展国际合作委员会中方委员；2004年秋，出任中国环境与发展国际合作委员会的中方首席顾问，一直到2016年结束。他在中国环境与发展国际合作委员会作了大量环境方面的咨询工作。

## 一、我国农业、林业的可持续发展战略研究

"中国农业可持续发展若干战略问题研究"是2005年由中国工程院启动的一级院级咨询项目，包括"中国区域农业资源合理配置、环境综合治理和农业协调发展战略研究"和"中国农业机械化发展战略研究"两个部分，沈国舫分别担任两个项目组的组长。"中国区域农业资源合理配置、环境综合治理和农业协调发展战略研究"的报告为建设资源节约环境友好的农业、有竞争力的农业和区域协调发展的农业提供科学依据。"中国农业机械化发展战略研究"则提出了我国农业机械化的发展路线图，起到了良好的指导作用。

21世纪初"中国可持续发展林业战略研究"开启，该项目由国家林业局组织，时任中国林业科学研究院院长江泽慧主持，沈国舫被邀请担任核心专家，主要负责内容是林业在中国可持续发展中的战略地位和作用。该研究提出了"三生态"的总体战略思想，即确立以生态建设为主的林业可持续发展道路，建立以森林植被为主体的国土生态安全体系，建设山川秀美的生态文明社会。生态建设、生态安全和生态文明的核心提法，也作为中共中央于2003年6月25日发布的2003年第9号文件《中共中央国务院关于加快林业发展的决定》的核心内容。标志着以木材生产作为林业主要工作

内容的时代结束，转而向为生态建设服务为主迈进。沈国舫在战略研究过程中作了大量政策建议的工作。尤为值得一提的是，沈国舫提出的"严格保护、积极发展、科学经营、持续利用"十六字方针被纳入中央文件中，成为加快林业建设的基本方针之一。沈国舫认为，单纯提出生态优先的战略思想，会对林业可持续经营带来片面影响，造成只保护、不利用、不经营的局面，后来现实的发展也印证了他的担忧是有原因的。

## 二、中国生态文明建设若干战略问题研究

党的十八大之后，"生态文明建设"纳入"五位一体"总体布局之中。时任中国工程院院长周济敏锐地觉察到应该在"生态文明"领域开展咨询研究工作，邀请沈国舫组织我国生态文明建设的咨询项目。沈国舫担任项目组的组长，负责第六课题"新时期国家生态保护和建设研究"。该项目是我国较早的大型综合的研究生态文明建设的项目，也是继"水资源系列战略咨询研究"后的中国工程院"生态文明系列咨询项目"的起始，意义重大且成果丰硕。该项目从战略层面探索生态文明建设的三大支柱（资源节约、生态安全与环境保护）如何与新型工业化、信息化、城镇化、农业现代化相融合等重大战略问题，为国家加快推进生态文明建设的科学决策提供支撑（图6-11）。

该项目提出了我国生态环境的8个重大挑战：一是资源环境承载力难

图 6-11 2013 年，"生态文明建设若干战略问题研究"项目启动会

以支撑原有发展模式持续高速增长，生态环境的"底线"和"天花板"作用更加突出；二是生态环境危机集中显现的风险进一步加剧，生态安全形势严峻，保护与发展矛盾突出；三是气候变化导致生态保护与修复的难度加大，气候变化导致生态系统脆弱性进一步加剧；四是人民期盼与生态环境有效改善之间的落差加大，环境改善的速度难以满足人民日益增长的需求；五是贫困地区脱贫致富与生态环境保护的矛盾将更加突出，贫困人口主要分布于限制开发区，贫困地区粗放的发展模式转型困难；六是与生态文明相适应的制度体系建设任重道远，资源环境管理体制和资源环境配置的市场作用机制不完善；七是支撑生态文明发展的文化道德基础薄弱，生态文明意识扎根仍需长期努力；八是国际地位提升要求我国加大承担环境责任与义务，国际空间拓展要求我国强化塑造环境责任形象。

为进一步推进生态文明建设，项目组提出5个方面的保障条件与政策建议：一是构建促进生态文明发展的法律体系，加强促进生态文明建设的立法工作，加强现有法律生态化修订，健全生态环境保护公益诉讼制度，建立权益保障机制；二是全面完善资源环境管理的行政体制，理顺生态资源环境监管行政体制；三是形成资源环境配置的市场作用机制，完善自然资源产权制度，理顺资源性产品价格形成机制，创新环境经济政策体系，建立自然资源资产奖惩考核管理体系；四是建立完善促进生态文明发展的制度体系，建立过程严管、后果严惩制度体系，健全监督考核评价机制，强化各级人大对生态文明建设的监督问责，对生态环境违法施以严刑峻法，健全完善生态补偿制度；五是健全生态文明公众参与机制，加强宣教建设，构建道德自律机制，推进多元治理主体建设，健全公众参与机制，强化环境信息公开制度，完善生态环境社会监督机制。

## 三、主持和参与中国环境与发展国际合作委员会政策咨询

沈国舫担任中国环境与发展国际合作委员会中方首席顾问期间，与外方首席顾问一起为中国环境与发展国际合作委员会的研究工作策划、课题组和专题政策研究组的组织和研究指导，为每年的中国政府的政策建议的起草、修订、定稿发挥了重要作用（图6-12）。他主持和参与了"西部开发中的林草问题""中国环境发展回顾与展望高层课题组"研究工作，所做报告对总结中国环境与发展国际合作委员会前15年的工作成果与推进后续工作发挥了重要作用。

在沈国舫的领导下，中国环境与发展国际合作委员会建立了涉及环境

图 6-12 沈国舫（左）赠书于中国环境与发展国际合作委员会外方首席顾问汉森博士

与发展问题诸多领域的近百个政策研究项目，包括能源战略、污染控制、生物多样性、环境与贸易、循环经济、农业与农村、流域综合管理、可持续城镇化战略、环境执政能力、环境和自然资源定价、生态补偿机制、农村发展中的能源、环境与气候变化适应、提高能源效率的环境经济政策、环境与发展战略转型、中长期污染减排路线图、可持续消费、提高建筑和交通的能效、海洋环境管理体制、西部地区环境与发展战略、生态文明机制体制创新等，组织了近千名专家学者对中国环境与发展领域的重要问题开展全面深入的研究，形成了100多份政策研究报告，向中国政府提交了100多项政策建议，并向相关部门和机构提出很多具体建议，在吸收世界上先进环境保护理念和实践，推进中国环保事业发展，促进国际环保合作中发挥重大作用。

# 第五节

# 生态领域的宏观战略思想

党的十八大以来，改革发展进入深水区，战略思维显得尤为重要。习近平总书记在庆祝改革开放40周年大会上的讲话中指出："前进道路上，我们要增强战略思维、辩证思维、创新思维、法治思维、底线思维，加强宏观思考和顶层设计，坚持问题导向，聚焦我国发展面临的突出矛盾和问题，深入调查研究，鼓励基层大胆探索，坚持改革决策和立法决策相衔接，不断提高改革决策的科学性。"习近平总书记对科学家也提出了战略思维方面的更高要求，在2020年科学家座谈会上指出："要尊重人才成长规律和科研活动自身规律，培养造就一批具有国际水平的战略科技人才、科技领军人才、创新团队。"

对一位具体领域的科学家而言，从行业的顶尖科学家到能够为国家提供战略建议，还需要很长的路要走。首先自身要具备很高的基本素质，在科学技术水平国内顶尖、国际一流的基础上，要具备丰富广博的知识储备、广阔开放的国际视野，以及突破专业领域局限、站在国家人民高度的战略思维。同时，还需要能够为国家作出贡献的广阔平台和工作机遇。如同"帅"与"将"，身经百战的将领易得，而执掌千军的统帅难求。沈国舫就是生态环境建设领域的"老帅"，谋定军中帐，决胜千里外。

## 一、坚持以国家利益、人民利益为重的战略目标导向

2022年1月11日，习近平总书记在省部级主要领导干部学习贯彻党的十九届六中全会精神专题研讨班开班式上发表重要讲话指出："战略是从全局、长远、大势上作出判断和决策。我们是一个大党，领导的是一个大国，进行的是伟大的事业，要善于进行战略思维，善于从战略上看问题、想问题。"战略思维最主要的出发点是站在国家、人民的高度思考问题，立足全局、长远和大势。

沈国舫总是把国家利益和人民需求摆在他政策咨询、科学研究的最重要位置，本着为国家负责、为人民负责的态度，从国家全局出发，综合研判提出政策建议。在把"草"字增加进"山水林田湖"自然综合体的建议时，他考虑的是占有国土面积40.9%的草原需要得到应有重视，考虑的是对国家发展具有重要潜力的草业需要发挥应有作用；在提出建立以国家公园为主体的具有中国特色的自然保护区体系的建议时，他考虑的是与森林、海洋并列为全球三大生态系统类型，被誉为"地球之肾"的湿地需要发挥出水陆交汇的生态功能，需要在物质循环、能量流动和物种迁移与演变中提高生态多样性、物种多样性和生物生产力；考虑的是中国湿地面积占世界湿地的10%，又涉及多个气候带，分布在各种地形地貌中，却很少有民众知晓，更谈不上合理的保护和利用。当他考察发现西南原始老林被破坏殆尽，一纸建议提交中央，推动开启天然林资源保护工程；当他看到黄土高原满目荒凉，顶着巨大压力谏言退耕还林还草工程，当他已经年过八旬，还亲自主笔撰写提交中央财经委员会办公室的绿化发展、循环发展、低碳发展和环境保护战略报告时，他的心里只有国家全局的利益。

在咨询研究中，沈国舫一直十分关心老百姓的生活状况，把最真实的情况反映到上级部门。2002年，他考察陕西、宁夏，了解黄龙林业局下属林场工人的生活状况十分清苦，他直言不讳表明心声，"这几个林区的职工为国家创造了巨大的财富，其中还有一部分是参加过抗美援朝战争的军垦老战士及其子弟，是有功之臣，不该在当前重视生态环境建设的时代反而受穷。"2003年，他在东北考察，看到抚顺地区棚户区居民生活艰难，他痛在内心、紧急呼吁、专报中央，实质上促进了后来棚户区改造项目的出台。在三峡阶段评估中，他十分关注移民安置问题，专门查阅资料，深入现场实地调研，了解第一手的安置情况，把老百姓的生活状况记在心上、抓在手中。

## 二、坚持"和谐、持续、前瞻、开放"的战略原则

在战略研究中，沈国舫一直坚持着"人与自然和谐共存""可持续发展""具有前瞻性和预见性"和"国际开放视野"的原则。

（一）人与自然和谐共存

这是沈国舫从事战略咨询最重要的原则。参与"水资源系列战略咨询研究"过程中，他深刻认识到，从水的角度去认识人与自然关系，其本质上是重新变革生产力与生产关系的一次革命，不仅是人与水，最主要的是

人与自然、人与生态的关系。面对在21世纪初曾经出现的生态环境建设的提法，为了防止人们误解为改造自然、建设新的生态环境这种过分夸大人力的认识，他曾深刻阐释了生态环境建设的含义。生态环境建设的核心是要限制或取消那些引起生态系统退化的各种干扰，充分利用系统的自我修复功能，适当施加人为措施，达到恢复和改善生态环境的目的。生态环境建设的基本任务应当是保护和恢复重建自然的生态环境，而不是脱离原来的自然基础，去盲目地建设一个新的生态环境。虽然沈国舫一直谦逊地认为这是大家思想碰撞的结果，而钱正英中肯地指出，这些阐述虽然现在（2011年）看来是尝试，当时（1999年）对我们却是启蒙。

"人与自然和谐共存"原则在森林培育学中的体现尤为明显，人工造林一直是沈国舫关注的问题。但他逐步从技术维度上升到政策层面，在立地条件水平低下的、地貌复杂的、土质贫瘠的地方造林，这是技术问题；而在合理选择造林区域，宜林则林，这就是政策问题。造林的质量不仅要看树木生长情况，还要综合考虑是否顺应了大自然规律保证其长期性，是否在可接受的成本范围内保证其经济性。沈国舫在2008年给北大学子讲的公开课"人与自然的和谐——构建和谐社会的基础要求"中，系统阐释了"正确把握人和自然和谐发展的准则"，具体包括坚持以人为本，在发展中求和谐，对经济发展的方向、模式、规模及内容的导向和规范，与人口、资源、环境的国情相适应。

（二）可持续发展

沈国舫是我国林业界较早提出可持续发展观点的科学家。20世纪90年代初，他认识到1992年联合国环境与发展会议——里约热内卢首脑会议后，森林的可持续发展成为环境和发展问题中的重要议题。1993年，他作为国际热带木材组织（ITTO）代表之一参加北方及温带森林持续发展专家研讨会，看到世界各国已经重点关注森林可持续发展的研究。他撰文指出森林的可持续发展问题是环境和发展问题交织在一起的关键问题之一，越来越受到世界各国的重视，而我国的林业科技工作者还停留在林木生长量与采伐量的平衡关系这个传统命题上。之后，他又相继撰文介绍了美国、加拿大等国林业持续发展的动态，指出"林业可持续发展的内涵不仅包括维持和发展森林资源本身的数量、质量和功能效益，而且还包括森林中生物多样性的保护、水土资源的保持、对全球碳循环稳定运转的贡献及社会功效的发挥等。"由此也奠定了可持续发展在他林业政策建议中的基础原则地位。

可持续发展原则始终贯穿于沈国舫的生态领域的研究和咨询中。他认为，要实现全面协调可持续的发展，需要处理好人口、资源和环境之间的关系，需要做到控制污染、调整能源结构；提高资源利用率和资源利用效率；提倡清洁生产，发展循环经济；生物资源的保护和合理利用；生态和环境综合治理；提高生态觉悟，推行合理的生活方式和消费方式；推行制度和法治保障等措施。他在对三江平原湿地的保护与利用、西南地区水能资源的开发利用、圆明园湖底防渗工程、南方桉树人工林等热点问题分析后，提出要以科学发展观为指导，科学地、实事求是地研究问题，解决问题。党的十八大将"生态文明"纳入"五位一体"总体布局之后，沈国舫在多个场合指出，可持续发展理念是生态文明思想的源头之一，要以可持续发展的观点来看待生态保护和建设问题。

### （三）前瞻性和预见性

战略思维主要运用在某一领域未来发展方向的预判和决策上，需要前瞻性和预见性。能够在战略层面提出重要建议，一方面需要他们成为某一科研领域的专家，对这个领域发展历史和科研前沿有充足的认识，这使得他们有足够的知识储备用于预判，加上缜密的思维和强大的外部模型辅助，可以极大地提升预判的准确性。另一方面，在宏观思维、系统认识、统筹管理以及一定的经验总结共同作用下，战略前瞻性有助于科学决策。

在战略咨询研究中，沈国舫体现出极强的战略前瞻性和科学决断力。20世纪末，对于21世纪我国林业应该走何种道路的问题，在林业界存在一定的争论，国内外也出现了诸如多用途林业、林业分工论、新林业、近自然林业、生态林业等说法。面对众说纷纭的复杂形势，沈国舫则清晰地看到林业可持续发展是必须要走的道路，他主编出版《中国森林资源与可持续发展》文集和《中国林业如何走向21世纪》论文集，提出现代高效持续林业理论，为我国林业发展指明方向。2005年，在他主持的"中国区域农业资源合理配置、环境综合治理和农业协调发展战略研究"项目中，经过大量国内外翔实的资料证明，粮食自给率可以降到90%，没有必要守住95%的红线。虽然这个结论与当时农业部门的认识不一致，但后来事实证明结论没有错。2011年"浙江沿海项目"中，建议尽快利用浙江省的山地及岩质海岸多的有利条件，发展核电和抽水蓄能电站。这与当地政府提出的火力发电为主的建议不同，咨询报告出台前又不巧碰到日本福岛核电事故，虽然各国都压缩了核电的发展，但沈国舫和专家团队共同分析形势，力主保留核电，建议暂缓执行，先选址，等第三代核电技术成熟时再上马，为后续发展保留潜力。

（四）开放的国际视野

习近平总书记指出，要树立国际视野，从中国和世界的联系互动中探讨人类面临的共同课题，为构建人类命运共同体贡献中国智慧、中国方案。沈国舫一直坚持科学研究要站在世界的前沿，他做的多元回归分析适地适树、速生丰产标准、城市林业的研究等，都在当时瞄准国际水平，努力做到与国际接轨。2021年，沈国舫重回北京西山，做"西山森林讲堂"的首场讲座，讲述"北京西山造林的学术意义"，他回顾近60年西山造林的经验和科学研究，从全国乃至世界绿化造林和生态修复的角度再看西山造林（图6-13）。沈国舫对比自己亲自考察过的40多个国家和地区的城市造林（图6-14），比如著名的莫斯科、华沙、巴黎、柏林、华盛顿等多国首都的城市森林大多有相当数量原有天然林为基础发展起来的，且森林生长条件均比北京优越很多。而北京西山造林是在荒山上完全的人工林培育，这在世界城市林业发展史上也是一个创举。

图 6-13　2021 年，沈国舫（左）向北京西山书院赠书

图 6-14　2018 年，沈国舫在塞尔维亚贝尔格莱德俯瞰多瑙河

沈国舫担任中国环境与发展国际合作委员会中方首席顾问、亚太农业工程和机械理事会理事等职务，也极大拓展了他的国际视野。他曾多次代表中国登上联合国环境与发展会议、世界水稻大会、中国环境与发展国际合作委员会年会及圆桌会议等，并做主旨发言，展示我国生态环境领域的成就和进展，阐明我国的立场和态度。这样的国际舞台上的经历，是科技工作者难得的宝贵财富，在谈到生态文明建设、低碳减排、三峡工程时，他一直坚持从国际比较出发，站在全球人类命运共同体的高度，把中国置于世界大势中思考，提升我国国际影响力。

### 三、坚持系统、科学、可行的战略举措

#### （一）系统统筹

正如恩格斯所说："自然科学现在已经发展到如此程度，以致它再不能逃避辩证的综合了。"林学也不例外。沈国舫重视学科之间的整合和交叉，回顾他的学术之路可以发现，从早期的"适地适树"到现在对"生态保护、修复和建设"的研究，他对于林学的研究是一个不断从小到大、从局部到整体的过程。他将林业置于生态研究领域中，认为林业是生态保护的主体，森林具有生态、经济和社会效益，要从生态文明的高度重视林业。此外，他还从社会、经济角度分析了森林可以为人民群众提供保健游憩、休养观赏等服务。在提出速生丰产林的技术政策要点过程中，他不仅在技术上提出了7条关键技术措施，还详细分析了地区条件和发展目标，

特别着重强调了规划方面要"通过综合农业区划及具体的土地利用规划，保证发展速生丰产用材林所需用地"；政策方面应"国家、集体、个人都来发展，林业部门与用材部门共同出力"；资金方面要"千方百计保证营造速生丰产林所需资金来源"，实际上已经超出了技术范畴，而成为综合应用的重要指南。

### （二）科学决策

战略决策的难度在于执行效益的博弈，现实生活中的政策几乎没有非好即坏的二元呈现，政策出台后都会有或多或少的负面反映。或者说，政策执行不仅要坚守科学性更要兼顾可行性。沈国舫一直坚持从科学出发作出决策，出现有利有弊的两难抉择，他会选择更加符合实际、更加发挥利益的一面。关于三峡上游是否继续修建水坝的问题，可以看出沈国舫在战略决策时科学观点的运用。水利专家对修建水库的认识各有利弊，有的专家反对修水坝，有的则认为可以修，各有学术研究的依据。而沈国舫从现实出发考虑这个问题，他认为，当时要河流完全按照原来的自然状态存在已经不太可能了，我国要养活十几亿人口，不可能不开农田，不可能不多养牲畜，人类需要做的是选择对自然影响更小、更和谐、更能发挥有利影响减少不利影响的一面。利用科学认识，却又不拘泥于条条框框，以实际为准，实事求是，这是沈国舫科学决策时一直坚持的。

### （三）重在执行

沈国舫一直认为，好的政策更要执行好，才有效果。他指出生态环境方面的政策执行单元应为县（市）一级，以县为单位进行全面规划，执行各项政策，落实综合治理的各项措施，其政策水平和协调能力、工作质量和实际效果，在整个生态环境建设中起关键作用。他还利用调研考察的机会，了解不同地区的生态环境和林业相关政策的执行情况，每到一个地方，他都会与当地生态、环境和林业相关部门详细座谈，深入交流，倾听基层意见。2010—2017年，沈国舫多次考察哈尔滨林业局下属林场的森林经营情况，还特意深入小兴安岭林区、吉林长白山林区及内蒙古大兴安岭林区调研天然林保护的情况；2018年，他赴甘肃祁连山国家级自然保护区考察，沿途调研多个城市，掌握自然保护区与当地经济社会发展的第一手案例，了解自然保护区对制度的执行情况。

国运昌盛，良士贤达。沈国舫先生的学术成长史从一个侧面反映了我国林业事业的不断发展，生态环境建设的奋勇前进。他不仅见证和亲历了沧海桑田、事业勃发，更是多项国家重大工程的推动者，是科学理论开拓创新的探索者，他把人生的理想融入伟大祖国的建设发展之中。国家繁荣富强，社会平安稳定，科技腾飞才有基础、有平台、有动力；才有了如沈国舫先生一般的国之良士，披荆斩棘、扛鼎而行；才有了千千万万追随着沈国舫先生步伐的后辈学者，孜孜以求，逐梦今朝。正是一代又一代的科学家们心怀"国之大者"，勇担国家重任，勇攀科技高峰，我国的科技才能自立自强，人类文明进步才能持久创新。

国之脊梁，国士无双！

## 参考文献

江泽慧, 盛伟彤. 中国可持续发展林业战略研究[J]. 林业经济, 2003, 11(8)：6-8.

钱正英, 等. 中国可持续发展水资源战略研究综合报告[C]// 中国水利学会. 2001 学术年会论文集：纪念中国水利学会成立70周年. [出版地不详: 出版者不详], 2001: 1-16.

沈国舫, 张永利, 李世东, 等. 林业在中国可持续发展中的战略地位和作用[M]// 中国可持续发展林业战略研究项目组. 中国可持续发展林业战略研究总论. 北京: 中国林业出版社, 2002: 65-131.

沈国舫. 北方及温带森林的持续发展问题：CSCE北方及温带森林持续发展专家研讨会情况介绍[J]. 世界林业研究, 1994(7)：18-24.

沈国舫. 从美国林学会年会看林业持续发展问题[J]. 世界林业研究, 1995(2)：36-37.

沈国舫. 伐木本无过, 森林可持续经营更有功[N]. 中国科学报, 2022-03-28(1).

沈国舫. 关于"生态保护和建设"名称和内涵的探讨[J]. 生态学报, 2014, 4(34)：1-7.

沈国舫. 贯彻落实科学发展观：建设资源节约、环境友好型的和谐社会[J]. 国土资源, 2005(9)：4-9.

沈国舫. 人与自然的和谐：构建和谐社会的基础要求[M]//《一个矢志不渝的育林人：沈国舫》编委会.一个矢志不渝的育林人：沈国舫. 北京: 中国林业出版社, 2012: 622-647.

沈国舫.三峡工程对生态和环境的影响[J]. 科学中国人, 2010(8)：48-53.

沈国舫. 山区综合开发治理与林业可持续发展[J]. 林业经济, 1997(6)：5-9.

沈国舫. 生态文明与国家公园建设[J]. 北京林业大学学报(社会科学版), 2019, 3(18)：1-3.

沈国舫. 西部大开发中的生态环境建设问题[J]. 林业科学, 2001, 37(1)：1-6.

沈国舫. 依据中国国情建设有中国特色的以国家公园为主体的自然保护地体系[J]. 林业建设, 2018, 9(5)：7-8.

沈国舫. 中国工程院院士沈国舫谈"三峡修建后对周边地区的影响"[M]//《一个矢志不渝的育林人：沈国舫》编委会. 一个矢志不渝的育林人：沈国舫. 北京：中国林业出版社, 2012: 669.

王郁. 中国工程院新疆水资源战略研究成果发布[N]. 科技日报, 2010-11-18(3) .

中国工程院. "中国农业可持续发展若干战略问题研究"咨询项目会议在京召开[EB/OL]. (2009-06-15) [2022-05-09]. https://www.cae.cn/cae/html/main/col84/2012-03/02/20120302135616022121552_1.html.

中国工程院"东北水资源"项目组. 东北地区有关水土资源配置、生态与环境保护和可持续发展的若干战略问题研究[J].中国工程科学, 2006(8)：1-24.

中国工程院"西北水资源"项目组. 西北地区水资源配置生态环境建设和可持续发展战略研究[J]. 中国工程科学, 2003, 5(4)：1-26.

中国工程院三峡工程建设第三方独立评估项目组. 三峡工程建设第三方独立评估综合报告[M]. 北京：中国水利水电出版社, 2020.

# 附录一 沈国舫年表

| | |
|---|---|
| 1933年 | 11月15日，出生于上海市 |
| 1944—1946年 | 就读于沪新中学初中班 |
| 1946—1950年 | 就读于上海中学；1949年12月，加入中国共青团 |
| 1950—1951年 | 就读于北京农业大学森林系 |
| 1951—1956年 | 留学苏联列宁格勒林学院林业系 |
| 1956年 | 7月，毕业回国，在北京林学院林业系造林教研组工作 |
| 1960年 | 晋升为讲师、教研组副主任 |
| 1961年 | 以编写组组长身份主编《造林学》教材；7月，加入中国共产党 |
| 1969年 | 10月，随校搬迁至云南省，分配到江边林业局 |
| 1972年 | 2月，搬迁至云南省大理市准备办学，住满江村及西窑村 |
| 1973年 | 4月，出席北方八省（直辖市）造林工作会议；7月，参加全国造林工作会议 |
| 1975年 | 《造林技术讲座》在《林业科技通讯》上连载发表 |
| 1976—1977年 | 统编、统稿《中国主要树种造林技术》 |
| 1978年 | 6月，为全国国营林场干部培训班讲课；9月，参加全国林业科技工作会议 |
| 1979年 | 参加林业部举办的英语培训班学习；参加国家科学技术委员会举办的微型计算机培训；编写《造林学》教材 |
| 1980年 | 6—9月，两次去香港参加微型计算机培训班学习，为省部级领导干部农业知识培训班讲课；当选北京林学院党委会委员，晋升为副教授 |
| 1981年 | 任职北京林学院副教务长；获得林业部科学技术进步一等奖1项（无排名）、三等奖1项（排名第一），北京市科学技术奖三等奖1项；作为副主编参编的《造林学》教材出版 |
| 1982年 | 参加国际标准化组织举办的木材标准会议，开始承担国家科学技术委员会、国家计划委员会和国家经济委员会下达的制订林木速生丰产技术政策的研究项目 |

| | |
|---|---|
| 1983年 | 兼任北京林学院外语培训中心主任和计算机中心主任 |
| 1984年 | 6月，作为副组长参与绿化太行山考察；8月，作为主要报告人参加"太行山绿化考察报告论证会"；9月，当选中国林学会造林分会副理事长，后任理事长；12月，被任命为北京林学院副院长；当选中国林学会副理事长、北京林学会理事长 |
| 1985年 | 5—6月，利用世界银行贷款组织北京林学院的美国林业教育考察团，任团长，去美国各地考察；7月，去墨西哥参加第九届世界林业大会；9月，在杭州《林业科学》编委会上被聘为副主编；10月，参加在湖北咸宁召开的中国林学会造林分会的速生丰产林学术研讨会 |
| 1986年 | 2月，被林业部任命为北京林业大学校长，主持工作，当年晋升为教授；6月，任造林学科博士生导师；承担的林木速生丰产技术政策作为国家十二项产业政策的组成部分获国家科学技术进步奖一等奖（集体奖），被评为有突出贡献级别 |
| 1987年 | 6—7月，参加国务院大兴安岭灾后恢复生产重建家园领导小组专家组，任副组长，作为主要汇报人汇报考察结果 |
| 1988年 | 主编的《林学概论》出版，再次当选中国林学会造林分会理事长 |
| 1989年 | 再次当选中国林学会副理事长 |
| 1990年 | 8月，去加拿大蒙特利尔参加国际林业研究组织联盟世界大会并在一分会场做报告 |
| 1991年 | 7月，去黑龙江伊春朗乡林业局为北京林业大学教学实习基地挂牌；9月，随中国林业代表团参加在法国巴黎举行的第十届世界林业大会并在一分会场中做报告 |
| 1992年 | 7月，参加并主持在天津召开的中国林学会城市林业研讨会；10月，筹备并主持北京林业大学四十周年校庆事宜，在庆祝大会上做主要讲话 |
| 1993年 | 3月，当选全国政协委员，自此开始了长达15年的全国政协委员的工作，连任中国林学会造林分会理事长；5月，当选中国林学会理事长；7月，正式免去校长职务；12月，和黄枢共同主编的《中国造林技术》出版 |
| 1994年 | 9—10月，到美国阿拉斯加参加美国和加拿大林学会的联合年会，会后去美国华盛顿特区访问美国林学会总部 |
| 1995年 | 当选中国工程院院士 |
| 1996年 | 当选中国科学技术协会委员 |

| 1997年 | 开展西南金三角农业综合开发咨询课题研究 |
|---|---|
| 1998年 | 当选中国工程院副院长；担任第九届全国政协委员，并成为新成立的人口资源环境委员会委员 |
| 1999年 | 作为中国工程院代表团团长到韩国汉城参加中、日、韩三国工程院圆桌会议；参加由钱正英院士主持的"中国可持续发展水资源战略研究"项目，担任水资源与生态环境建设课题组组长 |
| 2000年 | 组织编写《森林培育学》教材；作为林草研究课题组组长参与中国环境与发展国际合作委员会（以下简称"国合会"）课题研究；随"中国可持续发展水资源战略研究"项目组向时任国务院副总理温家宝汇报 |
| 2001年 | 组成西北地区水资源配置、生态环境建设和可持续发展战略研究项目组，任副组长；参加由国家林业局组织的林业发展战略研究组，任首席专家 |
| 2002年 | 连任中国工程院副院长；4月，率团去陕西、甘肃两省考察天然林保护工程及退耕还林工程执行情况；10月，去马来西亚吉隆坡参加亚太地区Bring Back the Forests研讨会，在会上做报告 |
| 2003年 | 作为项目组主要成员向时任国务院总理温家宝汇报西北水资源咨询研究成果、林业发展战略研究成果；率中国工程院代表团到澳大利亚墨尔本参加澳大利亚工程院年会及水问题研讨会 |
| 2004年 | 启动东北水土资源与可持续发展战略咨询研究课题；5月，应邀率中国工程院代表团去俄罗斯访问俄罗斯建筑科学院及俄罗斯工程院；以中国工程院代表身份去美国艾奥瓦州参加袁隆平院士的世界粮食奖授奖会 |
| 2005年 | 启动"中国农业可持续发展若干战略问题研究"咨询项目，任项目组组长；4月，参加中国工程院三峡院士行，考察正在进行的三峡工程建设 |
| 2006年 | 卸任中国工程院副院长；向时任国务院总理温家宝汇报东北地区有关水土资源配置、生态与环境保护和可持续发展的若干战略问题研究项目成果，主讲林业可持续发展部分；启动江苏省沿海地区综合开发战略研究 |
| 2007年 | 到江苏泗阳、连云港及盐城等地区进行江苏省沿海地区综合开发战略研究的考察；作为"环境宏观战略研究"项目专家组组长首次在北京召开环境战略论坛；2007—2012年，担任清华大学环境学院兼职 |

教授，给环境学院师生做过若干次学术报告并培养支持生态学教师
成长

2008年 三峡工程阶段性评估项目立项，任专家组组长；赴三峡坝区进行综合
考察

2009年 向时任国务院副总理李克强汇报环境宏观战略研究成果；设立沈国舫
森林培育奖励基金

2010年 获得光华工程科技奖；组织开展浙江沿海及海岛综合开发战略研究项
目综合考察；汇报新疆水资源问题成果；三峡工程阶段性评估项目成
果发布

2011年 向时任国务院总理温家宝和时任国务院副总理李克强汇报浙江沿海及
海岛综合开发战略研究的成果；5月，去重庆开县参加三峡库区消落
带植桑项目阶段性评估会；10月，以考察组组长身份率团到河南、
安徽、江苏、山东4省进行淮河流域环境与发展问题的考察活动；11
月，参加国合会年会暨国合会成立二十周年庆祝活动

2012年 从事中国工程院淮河流域环境与发展问题研究咨询项目及应对气候变
化科学技术问题研究咨询项目中的生物碳汇扩增战略研究课题组的研
究工作；5月，率团去中东欧三国考察多瑙河流域管理及捷克的林业；
6月，作为环境保护部代表团一员参加巴西里约热内卢的联合国可持
续发展大会

2013年 启动中国工程院新的重大咨询项目生态文明建设若干战略问题研究；
7月，按国合会生态保育研究课题之需去加拿大考察班夫国家公园，
到贵州贵阳参加生态文明贵阳国际论坛；9月，主持在安徽蚌埠召开
的关于淮河流域环境与发展问题研究的工程科技论坛；11月，率团去
福建各地进行生态文明建设咨询研究项目的综合考察

2014年 启动三峡建设工程第三方独立评估工作，参与环境保护部的三峡工程
环境验收工作，完成生物碳汇扩增战略研究报告

2015年 完成中国工程院生态文明建设若干战略问题研究咨询项目；完成主编
的《森林培育学》第3版修订；启动主编《中国主要树种造林技术》
（第2版）；完成三峡工程第三方独立评估报告

2016年 继续从事《中国主要树种造林技术》的编写组织工作，继续关注并考
察国家级森林公园等自然保护地；最后一次参加国合会年会，不再延
续担任中方首席顾问

2017年 赴美国考察黄石国家公园、大提顿国家公园及俄勒冈州的自然保护

地；后去加拿大考察不列颠哥伦比亚省中部地区及温哥华岛；在团中央总部做有关塞罕坝林场生态建设的报告；参加绿水青山就是金山银山湖州会议并做"两山论"方面的报告

2018年　7月，参加生态文明贵阳国际论坛并讲话；8月，去云南昆明参加国家公园国际研讨会并做主旨发言；9月下旬，到甘肃张掖考察祁连山国家公园及黑河湿地公园，后去敦煌参加国家公园与生态文明建设高端论坛并做报告；10月，在北京参加第四届世界人工林大会，做主旨报告（英语）；担任北京林业大学发展战略咨询委员会委员

2019年　去福建福州参加中国林学会森林培育分会年会并做报告；去北京延庆参观世界园艺博览会；到自然资源部参加黄河流域生态保护和高质量发展座谈会；在北京林业大学的学术大师绿色讲堂的开幕式上做讲堂的首次学术报告；到江西赣州（崇义、赣县区）考察林业及生态保护地；到江西南昌参加鄱阳湖观岛节和院士论坛，并做报告；在北京林业大学发展战略咨询委员会成立大会上接受委员会主任的任命并主持第一次咨询活动；被评为北京林业大学的第一届"北林榜样"

2020年　参加"长江三峡枢纽工程"建设成就被评为年度国家科学技术进步奖特等奖的颁奖仪式；参加中国农业发展战略研究2050项目评审；为北京林业大学第二十五届研究生学术文化节做特邀报告《生态保护修复和生态系统可持续经营》

2021年　主编的《中国主要树种造林技术》（第2版）由中国林业出版社出版

# 附录二 沈国舫主要论著

（一）图书

[1] 北京林学院造林教研组(沈国舫任编写组组长). 造林学[M]. 北京: 中国农业出版社, 1961.

[2] 中国树木志编委会(沈国舫任主要统稿人及部分章节作者). 中国主要树种造林技术[M]. 北京: 中国农业出版社, 1978.

[3] 北京林学院(沈国舫任副主编). 造林学[M]. 北京: 中国林业出版社, 1981.

[4] 沈国舫. 林学概论[M]. 北京: 中国林业出版社, 1989.

[5] 沈国舫. 长江中上游防护林建设论文集[C]. 北京: 中国林业出版社, 1991.

[6] 沈国舫. 营造一亿亩速生丰产用材林技术路线与对策论文集[C]. 沈阳:《辽宁林业科技》编辑部, 1993.

[7] 黄枢, 沈国舫. 中国造林技术[M]. 北京: 中国林业出版社, 1993.

[8] 沈国舫. 中国林学会造林分会第三届学术讨论会造林论文集[C]. 北京: 中国林业出版社, 1994.

[9] 沈国舫. 中国林业如何走向 21 世纪: 新一轮林业发展战略讨论文集[C]. 北京: 中国林业出版社, 1995.

[10] 沈国舫, 翟明普. 混交林研究: 全国混交林与树种间关系学术讨论会文集[M]. 北京: 中国林业出版社, 1997.

[11] 沈国舫. 中国森林资源与可持续发展[M]. 南宁: 广西科学技术出版社, 2000.

[12] 沈国舫. 中国环境问题院士谈[M]. 北京: 中国纺织出版社, 2001.

[13] 沈国舫. 森林培育学[M]. 北京: 中国林业出版社, 2001.

[14] 沈国舫, 王礼先. 中国可持续发展水资源战略研究报告集: 第7卷 中国生态环境建设与水资源保护利用[M]. 北京: 中国水利水电出版社, 2001.

[15] 沈国舫. 第三届果蔬加工技术与产业化国际研讨会论文集[C]. 北京: 中国科学技术出版社, 2002.

[16] 钱正英, 沈国舫, 潘家铮, 等. 西北地区水资源配置生态环境建设和可持续发展战略研究: 综合卷[M]. 北京: 科学出版社, 2004.

[17] 中国工程院农业、轻纺与环境工程学部. "十一五"期间我国农业发展若干重大问题咨询研究(沈国舫为项目负责人) [M]. 北京: 中国农业出版社, 2005.

[18] 钱正英, 沈国舫, 石玉林, 等. 东北地区有关水土资源配置、生态与环境保护和可持续发展的若干战略问题研究: 综合卷[M]. 北京: 科学出版社, 2007.

[19] 中国环境与发展回顾和展望高层课题组(沈国舫任主编). 中国环境与发展回顾和展望[M]. 北京: 中国环境科学出版社, 2007.

[20] 沈国舫, 石玉林. 综合报告: 中国工程院重大咨询项目中国区域农业资源合理配置、环境综合治理和农业区域协调发展战略研究[M]. 北京:中国农业出版社, 2008.

[21] 沈国舫, 汪懋华. 中国农业机械化发展战略研究: 综合卷[M]. 北京:中国农业出版社, 2008.

[22] 钱正英, 沈国舫, 石玉林, 庄来佑. 江苏沿海地区综合开发战略研究: 综合卷[M]. 南京: 江苏人民出版社, 2008.

[23] 中国工程院三峡工程阶段性评估项目组(沈国舫任专家组组长). 三峡工程阶段性评估报告综合卷 [M]. 北京: 水利水电出版社, 2010.

[24] 中国工程院环境保护部(沈国舫任专家组组长). 中国环境宏观战略研究: 综合报告卷[M]. 北京: 中国环境科学出版社, 2011.

[25] 沈国舫, 翟明普. 森林培育学[M]. 2版. 北京: 中国林业出版社, 2011.

[26] 中国工程院三峡工程试验性蓄水阶段评估项目组(沈国舫任项目组组长). 三峡工程试验性蓄水阶段评估报告[M]. 北京: 中国水利水电出版社, 2014.

[27] 中国工程院生物碳汇扩增战略研究课题组(沈国舫任课题组组长). 生物碳汇扩增战略研究[M]. 北京: 科学出版社, 2015.

[28] 中国工程院淮河流域环境与发展问题研究项目组(沈国舫任项目组组长). 淮河流域环境发展问题研究: 综合卷[M]. 北京: 中国水利水电出版社, 2016.

[29] 中国工程院 "生态文明建设若干战略问题(二期) "研究组(沈国舫任研究组组长). 中国生态文明建设若干战略问题研究: 综合卷[M]. 北京: 科学出版社, 2016.

[30] 翟明普, 沈国舫. 森林培育学[M]. 3版. 北京: 中国林业出版社, 2016.

[31] 沈国舫, 吴斌, 张守攻, 李世东. 新时期国家生态保护和建设研究[M]. 北京: 科学出版社, 2017.

[32] 国合会首席顾问及专家支持组(沈国舫任国合会中方首席顾问). 促进中国绿色转型十年之路: 2007—2016[M]. 北京: 中国环境出版社, 2017.

[33] 中国工程院三峡工程建设第三方独立评估项目组(沈国舫任项目组组长). 三峡工程建设第三方独立评估综合报告[M]. 北京: 中国水利水电出版社, 2020.

[34] 沈国舫. 中国主要树种造林技术[M]. 2版. 北京: 中国林业出版社, 2020.

（二）期刊、文集、报告等中的文章

[1] 沈国舫. 编制立地条件类型表及制定造林类型的理论基础[G]// 中华人民共和国林业

部造林设计局. 编制立地条件类型表及设计造林类型: 造林技术设计资料汇编 (第2辑). 北京: 中国林业出版社, 1958: 17-25.

[2] 中国林业科学研究院林研所造林研究室, 北京市农林局西山造林所, 北京林学院造林教研组(沈国舫为实际撰稿人). 油松造林技术的调查研究: 研究报告 营林部分第6号[R]. 北京: [出版者不详], 1959.

[3] 沈国舫. 秋季造林[J]. 中国林业, 1961(9): 16-17.

[4] 沈国舫, 陈义, 富裕华. 油松群状造林问题的探讨[J]. 中国林业, 1963(2): 12-14.

[5] 沈国舫, 白俊仪. 北京市西山地区油松灌木人工混交幼林的研究[G]// 北京市林学会. 北京市林学会1965年荒山造林经验交流会议资料汇编. 北京: [出版者不详], 1965: 1-24.

[6] 沈国舫, 富裕华, 陈义. 丛生油松穴内间伐问题的研究[J]. 林业科学, 1965, 10(4): 292-298.

[7] 云南林学院林业系林73班工农兵学员(沈国舫执笔). 安宁县华山松人工林调查报告[J]. 林业科技通讯, 1974(5): 11-13.

[8] 沈国舫. 林业技术讲座 造林部分: 第一讲 几个基本概念[J]. 林业实用技术, 1974(11): 19-20.

[9] 沈国舫. 林业技术讲座 造林部分: 第二讲 适地适树[J]. 林业实用技术, 1974(11): 20; 1974(12): 25-27.

[10] 沈国舫. 林业技术讲座 造林部分: 第三讲 合理结构[J]. 林业实用技术, 1975(1): 17, 20-21; 1975(2): 19-20.

[11] 沈国舫. 林业技术讲座 造林部分: 第四讲 细致整地[J]. 林业实用技术, 1975(3): 20; 1975(4): 19-20.

[12] 沈国舫. 林业技术讲座 造林部分: 第五讲 认真种植[J]. 林业实用技术, 1975(5): 21-22 ; 1975(6): 19-20.

[13] 沈国舫. 林业技术讲座 造林部分: 第六讲 抚育管理[J]. 林业实用技术, 1975(7): 20-21.

[14] 沈国舫. 林业技术讲座 造林部分: 第七讲 抚育管理[J]. 林业实用技术, 1975(8): 19-20.

[15] 沈国舫, 邢北任. 油松侧柏混交林[J]. 林业实用技术, 1978(6): 13.

[16] 沈国舫. 北京西山地区油松人工混交林的研究[J]. 中国林业科学, 1978(3): 12-20.

[17] 沈国舫. 营造速生丰产林的几个技术问题[C]// 国家林业总局森林经营局. 林业发展趋势与丰产林经验. 北京: [出版者不详], 1978: 26-108.

[18] 沈国舫, 邢北任. 营造油松混交林效果的研究[C]// 国家林业总局森林经营局. 林业发展趋势与丰产林经验. 北京: [出版者不详], 1978: 307-320.

[19] 沈国舫, 关玉秀, 周沛村, 邢北任. 影响北京市西山地区油松人工林生长的立地因子 [J]. 北京林学院学报, 1979(1): 96-104.

[20] 沈国舫. 关于"适地适树"的几点看法[J]. 中国自然辩证法研究会通讯, 1979: 22.

[21] 沈国舫, 关玉秀, 齐宗庆, 冯令敏, 陈义, 邢北任, 韩有钧, 李平宜, 张金生, 薛守恩. 北京市西山地区适地适树问题的研究[J]. 北京林学院学报, 1980(1): 32-46.

[22] 沈国舫, 邢北任. 北京市西山地区立地条件类型的划分及适地适树[J]. 林业科技通讯, 1980(6): 11-16.

[23] SHEN Guofang, GUAN Yuxiu.The influence of site factors on the growth of *Pinus labulaeformis*[C]// IUFRO.IUFRO Proceedings. Vienna: [s.n.], 1981.

[24] 沈国舫. 印尼保护森林发展林业的措施[J]. 世界农业, 1982(12): 21-23.

[25] SHEN Guofang.The Present situation and development of fuel forest in China[C]// FAO.ESCAP Proceedings. Bangkok: [s.n.], 1983.

[26] 沈国舫. 浅谈中国林业教育应具有的特色[J]. 林业教育研究, 1983(试刊): 12-16.

[27] 沈国舫, 杨敏生, 韩明波. 京西山区油松人工林的适生立地条件及生长预测[J]. 林业科学, 1985, 21(1): 10-19.

[28] 沈国舫. 浅谈提高造林质量的技术措施: 在提高造林质量报告会上的讲话[J]. 中国林学会通讯, 1985: 3-12

[29] SHEN Guofang. Afforestation in semiarid and arid regions of China[C]// FAO proceedings. Mexico: [s.n.], 1985.

[30] 沈国舫. 农业科学技术基础知识讲座: 第十一讲 林学基本知识(上) [J]. 中国水土保持, 1985(3): 47-51. (原为 1981 年国家农业委员会省长培训班教材)

[31] 沈国舫. 农业科学技术基础知识讲座: 第十一讲 林学基本知识(中) [J]. 中国水土保持, 1985(4): 47-51. (原为 1981 年国家农业委员会省长培训班教材)

[32] 沈国舫. 农业科学技术基础知识讲座: 第十一讲 林学基本知识(下) [J]. 中国水土保持, 1985(5): 44-48. (原为1981年国家农业委员会省长培训班教材)

[33] 沈国舫. 发展速生丰产用材林技术政策要点; 发展速生丰产用材林技术政策背景材料; 发展速生丰产林有关的几个问题[Z]//国家科学技术委员会. 中国技术政策: 农业(国家科委蓝皮书第10号). 北京: [出版者不详], 1985: 355-358, 359-374, 467-468.

[34] 沈国舫, 董世仁, 聂道平. 油松人工林养分循环的研究I: 营养元素的含量及分布[J]. 北京林学院学报, 1985(4): 1-14.

[35] 沈国舫, 翟明普, 刘春江, 姚延涛. 北京西山地区油松人工混交林的研究[R]. 北京: [出版者不详], 1986.

[36] 沈国舫. 对《试论我国立地分类理论基础》一文的几点意见[J]. 林业科学, 1987, 23 (4): 463-467.

[37] 国务院大兴安岭灾区恢复生产重建家园领导小组专家组(沈国舫任专家组副组长). 关于大兴安岭北部特大火灾后恢复森林资源和生态环境的考察报告[G]// 国务院大兴安岭灾区恢复生产重建家园领导小组专家组. 大兴安岭特大火灾区恢复森林资源和生态环境考察报告汇编. 北京: 中国林业出版社, 1987: 1-20.

[38] 沈国舫. 加速绿化太行山学术考察报告[C]// 中国林学会. 造林论文集. 北京: 中国林业出版社, 1987: 10-16.

[39] 沈国舫. 对世界造林发展新趋势的几点看法[J]. 世界林业研究, 1988, 1(1): 21-27.

[40] 沈国舫. 学报十年[J]. 北京林业大学学报, 1989, 11(1): 1-2.

[41] 格·伊·列契柯, 沈国舫, 胡涌. 苏联造林学理论与实践的现状和前景(摘编) [J]. 北京林业大学学报, 1989, 11(4): 133-137.

[42] 沈国舫, 关君蔚. The ordering of land use in mountainous areas in China[C]// 亚洲土地利用国际会议论文集. [出版地不详: 出版者不详], 1989.

[43] 沈国舫. 培养什么样的人的问题是高等教育需要解决的首要问题[J]. 林业教育研究, 1989(4): 1-2.

[44] 沈国舫. 人工林; 树种选择[M]// 刘瑞龙. 中国农业百科全书: 林业卷. 北京: 中国农业出版社, 1989: 462, 630-631.

[45] 沈国舫. 综论; 造林[M]// 全国自然科学名词审定委员会. 林学名词. 北京: 科学出版社, 1989: 1,9.

[46] 沈国舫. 适地适树; 造林密度[M]// 中国大百科全书出版社编辑部. 中国大百科全书: 农业Ⅱ. 北京: 中国大百科全书出版社, 1990: 1048-1049, 1557-1558.

[47] 沈国舫. 序言[C]// 中国林学会. 中国林学会造林学会第二届学术讨论会造林论文集. 北京: 中国林业出版社, 1990.

[48] 沈国舫, 李吉跃, 武康生. 京西山区主要造林树种抗旱特性的研究(I) [C]// 中国林学会. 中国林学会造林学会第二届学术讨论会造林论文集. 北京: 中国林业出版社, 1990: 3-12.

[49] 沈国舫, 翟明普, 刘春江, 姚延涛. 北京西山地区油松人工混交林的研究(Ⅱ): 混交林的生产力、根系及养分循环的研究[C]// 中国林学会. 中国林学会造林学会第二届学术讨论会造林论文集. 北京: 中国林业出版社, 1990: 48-54.

[50] 沈国舫, 刘佳. 中国高等林业教育的结构及其调整[C]// 北京农业大学. 农业教育的现状和展望国际讨论会论文集. 北京: 北京农业大学出版社, 1991: 186-193.

[51] 沈国舫. 集约育林: 世界林业研究的主要课题[J]. 世界林业研究, 1991, 4(3): 1-6.

[52] SHEN Guofang, WANG Xian.Techniques for rehabilitation of sylva-pastoral ecosystem in arid zones[C]// FAO.The 10th World Forestry Congress proceedings. Paris: [s.n.], 1991: 265-271.

[53] 董智勇, 沈国舫, 刘于鹤, 关百钧, 魏宝麟, 关君蔚, 沈照仁, 徐国忠, 王恺, 李继书. 90
年代林业科技发展展望研讨会发言摘要[J]. 世界林业研究, 1991(1): 1.21.

[54] SHEN Guofang. Choice of species in China's plantation forestry[J]. Journal of Beijing
Forestry University, 1992, 1(1): 15-24.

[55] 沈国舫. 对发展我国速生丰产林有关问题的思考[J]. 世界林业研究, 1992, 5(4):
67-74.

[56] 沈国舫. 国土整治中的森林和树木[J]. 世界林业研究, 1992, 5(1): 7-11.

[57] 沈国舫. 森林的社会、文化和景观功能及巴黎的城市森林[M]// 徐有芳. 第十届世界
林业大会文献选编. 北京: 中国林业出版社, 1992: 224-229.

[58] 沈国舫. 办好有中国特色的林业高等教育[M]// 张岂之. 中国大学校长论教育. 北京:
中国人事出版社, 1992: 387-396.

[59] 沈国舫. 在庆祝北京林业大学建校四十周年大会上的讲话[Z]. 北京: [出版者不详],
1992.

[60] 沈国舫. 第十二章 造林地的选择[M]// 徐化成. 油松. 北京: 中国林业出版社, 1993:
292-304.

[61] 沈国舫, 翟明普. 第十三章 造林密度和树种混交[M]// 徐化成. 油松. 北京: 中国林业
出版社, 1993: 305-323.

[62] 沈国舫. 代序: 在中国林学会城市林业学术研讨会上的总结发言摘要[C]// 中国林学
会, 全国绿化委员会办公室. 城市林业: 1992年首届城市林业学术研讨会文集. 北京:
中国林业出版社, 1993: 1-2.

[63] 沈国舫. 时代的呼唤: 谈谈森林的持续发展[J]. 森林与人类, 1994(2): 4-5.

[64] SHEN Guofang. Studies on the nutrient cycling in a Pinus tabulaeformis plantation [C]//
Swedish Agriculture University.Proceedings of nutrient cycling and uptake sympo-
sium. [S.l. : s.n.], 1994: 177-185.

[65] 谷方铮. 沈国舫与造林学[M]// 卢嘉锡. 中国当代科技精华: 生物学卷. 哈尔滨:
黑龙江教育出版社, 1994: 218-228. (谷方铮为沈国舫与李铁铮合作用的笔名)

[66] 沈国舫. 北方及温带森林的持续发展问题: CSCE北方及温带森林持续发展专家研
讨会情况介绍[J]. 世界林业研究, 1994, 7(1): 18-24.

[67] 沈国舫. 北方及温带森林持续发展的标准及指标(1993年9月蒙特利尔森林持续发展
研讨会汇总意见) [J]. 世界林业研究, 1994, 7(4): 81-83.

[68] 沈国舫. 走向21世纪的林业学科发展趋势和高等人才的培养[C]// 中国国家教育委
员会高等教育司. 当代科学技术发展与教学改革: "面向21世纪教学内容和课程体
系改革报告会"论文集. 北京: 高等教育出版社, 1995: 158-168.

[69] 沈国舫. 笑迎春风为绿来: 喜迎全国科学技术大会召开[J]. 森林与人类, 1995(3): 4.

[70] 沈国舫. 从美国林学会年会看林业持续发展问题[J]. 世界林业研究, 1995, 8(2): 36-37.

[71] 沈国舫. 图书馆和我的读书生活[J]. 林业图书情报工作, 1995(2): 5-7.

[72] 沈国舫. 前言[C]// 张守攻. 中国青年绿色论坛: 中国林学会第 3 届青年学术研讨及成果展示会论文精选. 北京: 中国林业出版社, 1995.

[73] 大兴安岭 "5·6" 特大火灾区森林资源恢复更新检查专家组(沈国舫为主要执笔人). 大兴安岭 "5·6" 特大火灾区森林资源恢复更新检查总结报告[R]. 北京: [出版者不详], 1996.

[74] 政协全国委员会办公厅. 沈国舫委员呼吁保护西南地区原始老林[J]. 政协信息, 1996(53): 1-2.

[75] 沈国舫. 绿色的忧思与呼唤: 中国森林可持续发展问题探讨[J]. 瞭望, 1996(39): 36-37.

[76] 沈国舫. 在可持续发展战略指导下的中国林业分类经营: 青年绿色论坛开幕词[J]. 世界林业研究, 1996, 9(5): 1-2.

[77] 沈国舫, 翟明普. 关于造林学教学改革的几点看法[J]. 中国林业教育, 1996(4): 3-7.

[78] 沈国舫. 山区综合开发治理与林业可持续发展[J]. 林业经济, 1997(6): 5-9.

[79] 沈国舫. 走向成熟, 期盼辉煌: 纪念中国林学会成立八十周年[J]. 学会, 1997(9): 12.

[80] 沈国舫. 中国森林可持续发展问题探讨[C]// 沈国舫. 面向 21 世纪的林业国际学术讨论会论文集. 北京: [出版者不详], 1997: 1-8.

[81] 沈国舫. 关君蔚先生帮我迈开了第一步[J]. 北京林业大学学报, 1997, 19(S1): 6-7.

[82] 沈国舫, 翟明普, 王凤友. 大兴安岭 1987 年特大火灾后的生态环境变化及森林更新进展[C]// 姜家华, 黄丽春. 海峡两岸生物技术和森林生态学术交流会论文集. 台北: [出版者不详], 1997: 378-385.

[83] 沈国舫. 把营林工作的重点转移到以提高森林生产力为中心的基础上来[J]. 林业月报, 1997 (5): 3.

[84] 沈国舫, 翟明普. 全国混交林与树种间关系学术讨论会纪要(代前言) [M]// 沈国舫, 翟明普. 混交林研究: 全国混交林与树种间关系学术讨论会文集. 北京: 中国林业出版社, 1997.

[85] 沈国舫. 现代高效持续林业: 中国林业发展道路的抉择[J]. 世界科技研究与发展, 1998, 20 (2): 38-45. (《林业经济》1998年4期转载)

[86] 沈国舫. 中国林业发展道路的抉择[M]// 周光召. 科技进步与学科发展. 北京: 中国科学技术出版社, 1998: 677-683.

[87] 沈国舫, 贾黎明, 翟明普. 沙地杨树刺槐人工混交林的改良土壤功能及养分互补关系[J]. 林业科学, 1998, 34(5): 12-20.

[88] 沈国舫. 保护江河中上游森林植被刻不容缓: 在《森林与人类》编辑部九八水灾研讨会上的发言[J]. 森林与人类, 1998(5): 23.

[89] 沈国舫. 沉痛反思, 矢志护绿[J]. 中国林业, 1998(10): 5-6.

[90] 沈国舫. 我们做错了什么: 特大洪灾的反思[J]. 方法, 1998(10): 6-7.

[91] 沈国舫, 宋长义. 对教学、科研、生产三结合的再认识[M]// 全国高等农林教育研究会. 高等农林教育研究与实践. 北京: 中国农业大学出版社, 1998: 201-211.

[92] 沈国舫. 序[M]// 贺庆棠. 森林环境学. 北京: 高等教育出版社, 1999.

[93] 沈国舫. 中国林业可持续发展中的产业问题[C]// 林业发展与融资国际研讨会论文集. [出版者不详: 出版地不详], 1999(12): 15-16.

[94] 沈国舫. 写在"西部大开发中的生态环境建设问题"笔谈之前[J]. 林业科学, 2000, 36(5): 2.

[95] 沈国舫. 中国林业可持续发展及其关键科学问题[J]. 地球科学进展, 2000, 15(1): 10-18.

[96] 沈国舫. 生态环境建设与水资源的保护和利用[J]. 中国水利, 2000(8): 26-30.

[97] 沈国舫. 西北地区退耕还林还草的选向问题[Z]// 中央办公厅秘书局. 参阅资料. 北京: [出版者不详], 2000(47): 1-3.

[98] 沈国舫. 林业高等教育如何面向 21 世纪[J]. 中国林业教育, 2000(1): 4-6.

[99] 沈国舫. 植被建设是我国生态环境建设的主题: 兼论黄土高原地区的植被建设[M]// 沈国舫. 中国环境问题院士谈. 北京: 中国纺织出版社, 2001: 214-224.

[100] 沈国舫. 在第二届国合会第四次会议上的发言[C]//中国环境与发展国际合作委员会, 国家环境保护总局. 第二届中国环境与发展国际合作委员会第四次会议文件汇编. 北京: 华文出版社, 2001: 125-129.

[101] 沈国舫. 西部大开发中的生态环境建设问题: 代笔谈小结[J]. 林业科学, 2001, 37(1): 1-6.

[102] 沈国舫. 力戒浮躁, 注重实践, 脚踏实地搞科研[J]. 求是, 2001(4): 6. 1

[103] 沈国舫. 从"造林学"到"森林培育学"[J]. 科技术语研究, 2001, 3(2): 33-34.

[104] 沈国舫. 21 世纪中国绿化的新纪元及首都绿化的新高地[J]. 绿化与生活, 2001(1): 4-6.

[105] 沈国舫. 西北地区退耕还林还草如何选向[J]. 科学新闻, 2001(13): 5.

[106] 沈国舫. 生态环境建设与水资源的保护和利用[J]. 中国水土保持, 2001(1): 4-8.

[107] 沈国舫. 《走近绿色》序[J]. 林业勘察设计, 2001(4): 56-57.

[108] 沈国舫. 对中国果蔬产业化问题的几点思考[C]// 果蔬加工技术与产业化国际研讨会暨展览会组委会. 第二届果蔬加工技术与产业化国际研讨会论文集. 北京: 中国科学技术出版社, 2001: 4-6.

[109] 沈国舫, 翟明普, 贾黎明, 张彦东. 人工混交林中树种间关系的认识进展[C]//熊耀国, 翟明普. 中国林学会造林分会第4届理事会暨学术讨论会造林论文集. 北京: 中国环境科学出版社, 2001: 7-19.

[110] 沈国舫. 农产品加工与科技创新[C]// 中国(天津) 农产品加工及储藏保鲜国际研讨会组委会. 中国(天津) 农产品加工及储藏保鲜国际研讨会论文集. 天津: 南开大学出版社, 2001: 1-6.

[111] 沈国舫. 关于森林培育学教材建设的一些历史回顾[J]. 北京林业大学学报, 2002, 24(5/6): 280-283.

[112] 徐匡迪, 沈国舫. 依靠稻作科技创新, 推动中国水稻产业发展: 在首届国际水稻大会上作的主题报告[J]. 中国稻米, 2002(6): 8-11. (沈国舫定稿并宣读)

[113] 沈国舫. 在一片"废墟"上建设一所全国重点高校: 忆北林回迁北京后的奋斗历程[J]. 中国林业教育, 2002(5): 5-7.

[114] 沈国舫. 水、植被与生态环境[J]. 水利规划设计, 2002(1): 11-13.

[115] "西北水资源"项目生态环境建设考察组(沈国舫任考察组副组长). 对陕西、宁夏的天然林保护和退耕还林情况的考察报告[R]// 西北地区水资源配置、生态环境建设和可持续发展战略研究简报. [出版者不详: 出版地不详], 2002(28).

[116] 沈国舫. 考察新西兰所得的一些启示[M]// 江泽慧. 中国可持续发展林业战略研究调研报告(下). 北京: 中国林业出版社, 2002: 203-205.

[117] 沈国舫, 张永利, 李世东, 等. 第二篇 林业在中国可持续发展中的战略地位和作用[M]// 中国可持续发展林业战略研究项目组. 中国可持续发展林业战略研究总论. 北京: 中国林业出版社, 2002: 65-131.

[118] 沈国舫. 林学(条目) [M]// 吴阶平, 季羡林, 石元春. 20世纪中国学术大典: 农业科学卷. 福州: 福建教育出版社, 2002: 133-142.

[119] SHEN Guofang.Forest degradation and rehabilitation in China[C]//FAO Regional Offce for Asia and the Pacific. Bringing back the forests: policies and practices for degraded lands and forests, Proceedings of an International Conference. Bangkok: [s. n.], 2003: 119-125.

[120] 沈国舫. 发挥院士群体重要智力资源的作用[J]. 中国青年科技, 2003(4): 8.

[121] 沈国舫. 有效发挥院士群体重要智力资源的作用[J]. 中国政协, 2003(8): 34-35.

[122] 沈国舫. 大家都来学点树木学知识[J]. 森林与人类, 2003(9): 28-29.

[123] 沈国舫. 西北地区生态建设要充分依靠和利用自然力[J]. 中国水利, 2003(5): 26-27.

[124] 沈国舫. 尊重自然规律, 建设生态环境[J]. 中国水土保持科学, 2003, 1(1): 3-4.

[125] 沈国舫, 张洪江, 关君蔚. 云、贵、川资源"金三角"地区的生态环境建设战略探析

[M]// 中国工程院农业、轻纺与环境工程学部. 中国区域发展战略与工程科技咨询研究. 北京: 中国农业出版社, 2003: 18-22.

[126] 沈国舫. 序一 [M]// 俞新妥. 俞新妥文选. 北京: 中国林业出版社, 2003.

[127] 沈国舫. 黄土高原生态环境建设与农业可持续发展战略研究综合报告[M]// 中国工程院农业、轻纺与环境工程学部. 中国区域发展战略与工程科技咨询研究. 北京: 中国农业出版社, 2003: 121-133.

[128] 沈国舫. 关于西北生态环境建设的建议[M]// 中国工程院农业、轻纺与环境工程学部. 中国区域发展战略与工程科技咨询研究. 北京: 中国农业出版社, 2003: 134-137.

[129] 沈国舫. 三峡库区农村经济建设可持续发展研究综合报告[M]// 中国工程院农业、轻纺与环境工程学部. 中国区域发展战略与工程科技咨询研究. 北京: 中国农业出版社, 2003: 277-327.

[130] 刘鸿亮, 沈国舫, 石玉林, 等. 关于加强三峡库区环境保护的建议[M]// 中国工程院农业、轻纺与环境工程学部. 中国区域发展战略与工程科技咨询研究. 北京: 中国农业出版社, 2003: 328-329.

[131] 沈国舫. 序[M]//《汉拉英中国木本植物名录》编委会. 汉拉英中国木本植物名录. 北京: 中国林业出版社, 2003.

[132] 沈国舫. 关于林业作为一个产业的几点认识[J]. 中国林业产业, 2004(1): 1-3.

[133] 沈国舫. 《中国树木奇观》读后存言[J]. 林业科学, 2004, 40(2): 136.

[134] 沈国舫. 序[M]// 兆赖之. 育林学. 北京: 中国环境科学出版社, 2004.

[135] 沈国舫. 序一 [M]// 李芝喜, 高常寿, 李红旭. 绿色环境建设. 北京: 科学出版社, 2005.

[136] 钱正英, 沈国舫, 刘昌明. 建议逐步改正 "生态环境建设" 一词的提法[J]. 科技术语研究, 2005, 7(2): 20-21.

[137] 沈国舫. 贯彻落实科学发展观, 建设资源节约、环境友好型的和谐社会[J]. 国土资源, 2005(9): 4-9.

[138] 沈国舫. 国土绿化关乎国家生态安全: 贺《国土绿化》杂志创刊 20 周年[J]. 国土绿化, 2005 (12): 11.

[139] 中国工程院 "东北水资源" 项目组(沈国舫任项目组副组长). 东北地区有关水土资源配置生态与环境保护和可持续发展的若干战略问题研究[J]. 中国工程科学, 2006, 8(5): 11-13.

[140] 沈国舫. 从环境与发展角度对首都绿化的几点思考[C]// 北京林学会. 北京森林论坛论文集. 北京: [出版者不详], 2006: 15-21.

[141] 张齐生, 沈国舫, 王明庥, 尹伟伦, 冯宗炜, 李文华, 陈克复, 马建章, 石玉林, 江泽慧,

岳永德, 丁雨龙, 萧江华, 傅懋毅. 14名院士专家建言: 国家应继续鼓励和支持竹产品出口[J]. 中国林业产业, 2007(5): 9-11.

[142] 沈国舫. 发展林业产业要用科学发展观来统领[J]. 中国林业产业, 2007(2): 32-34.

[143] 沈国舫. 中国的生态建设工程: 概念、范畴和成就[J]. 林业经济, 2007(11): 3-5.

[144] 沈国舫. 从多方面着手保证粮食安全[J]. 群言, 2007(4): 10-11.

[145] 沈国舫. 讲座十: 贯彻落实科学发展观, 正确处理和协调资源环境与发展的相互关系[M]// 叶文虎. 可持续发展的新进展: 第1卷. 北京: 科学出版社, 2007: 144-162.

[146] 宋健, 沈国舫(沈国舫执笔). 引言(代序) [M]// 中国环境与发展回顾和展望高层课题组. 中国环境与发展回顾和展望. 北京: 中国环境科学出版社, 2007.

[147] 沈国舫. 坚持用科学的发展观来正确对待人和自然的和谐相处[Z]//在全国政协十届三次会议上的发言材料. [出版者不详: 出版地不详], 2007.

[148] 中国工程院 "区域农业" 项目组(沈国舫任项目组组长). 中国农业可持续发展若干战略问题研究 (综合汇报稿) [M]. 北京: [出版者不详], 2007.

[149] 沈国舫. 序[M]// 蒋建平. 蒋建平文集. 北京: 中国林业出版社, 2008.

[150] 沈国舫. 序[M]// 中国水土保持学会, 中国老教授协会林业专业委员会. 傅焕光文集. 北京: 中国林业出版社, 2008.

[151] 沈国舫. 人与自然的和谐发展: 构建和谐社会的基础要求[M]// 叶文虎. 可持续发展的新进展: 第2卷. 北京: 科学出版社, 2008: 117-147.

[152] 沈国舫. 关注重大雨雪冰冻灾害对我国林业的影响: 主编的话[J]. 林业科学, 2008, 44(3): 1.

[153] 沈国舫. 三峡考察诗三首[J]. 中国工程院院士通讯, 2008(5): 40.

[154] 沈国舫. 新疆伊犁地区考察报告[Z]// 新疆可持续发展水资源战略研究项目简报. [出版者不详: 出版地不详], 2008(8).

[155] 沈国舫. 天然林保护工程与森林可持续经营[J]. 林业经济, 2009(11): 15-16.

[156] 沈国舫. 我参与中国工程院咨询研究工作的几点体会[J]. 中国工程院院士通讯, 2009(12): 40-41.

[157] 沈国舫. 我和西山林场(代序) [M]// 甘敬, 周荣伍. 北京西山森林培育理论与技术研究. 北京: 中国环境科学出版社, 2010.

[158] 沈国舫. 在 "中国多功能森林经营与多功能林业发展模式研讨会" 上的讲话[J]. 世界林业动态, 2010(10): 3-8.

[159] 沈国舫. 参加水资源系列咨询研究活动对我的专业领域一些认识的影响[J]. 中国工程院院士通讯, 2011(5): 41-43.

[160] 沈国舫. 水资源战略咨询研究的基本经验[J]. 中国工程院院士通讯, 2011(8): 25-29. (收入中国工程院《水资源系列咨询研究的回顾与思考》报告集, 2011)

[161] 沈国舫. 对一个大工程的综合"考察"[M]// 周立军. 首都科学讲堂: 名家讲科普⑥. 北京: 科学普及出版社, 2011: 1-18.

[162] 沈国舫. 从"山楂树之恋"说起[J]. 森林与人类, 2010(5): 1-2.

[163] 沈国舫.关于生态文明建设英译的探讨[J]. 中国科技术语, 2013, 15(2): 41-42.

[164] 沈国舫.加拿大落基山脉生态保育考察报告[J]. 中国工程院院士通讯, 2013(7): 53-55.

[165] 沈国舫. 关于生态文明建设英译的探讨[J]. 中国科技术语, 2013, 4: 41-42.

[166] 沈国舫. 关于"生态保护和建设"的概念探讨[J]. 林业经济, 2014, 36(3) , 3-5.

[167] 沈国舫. 关于"生态保护和建设"名称和内涵的探讨[J]. 生态学报, 2014(7): 1891-1895.

[168] 沈国舫. 关于生态保护和建设的几个问题(呈选中央财办咨询材料的基本稿) [J]. 草业学报, 2015, 24(5): 1-3.

[169] 沈国舫, 李世东, 吴斌, 张守攻. 我国生态保护和建设发展战略研究[J]. 中国工程科学, 2015, 17(8): 23-29.

[170] 沈国舫, 李世东. 我国生态保护学建设概念地位辨析与基本形势判断[J]. 中国工程科学, 2015, 17: 103-109.

[171] 沈国舫, 王波. 三峡工程八大焦点问题[J]. 紫光阁, 2015(10): 70-71.

[172] SHEN Guofang. Ecological conservation remediation and construction for building an ecological civilization in China: concepts of ecological activities[J]. Frontiers of Agriculture Science and Engineering, 2017, 4(4).

[173] 沈国舫. 中国生态文明建设主题下的生态保护、修复和建设: 为纪念中国林学会一百周年而作[J]. 国土绿化, 2017(5): 16-18.

[174] 沈国舫. 北京市生态系统的可持续经营[J]. 国土绿化, 2018(5): 16-17.

[175] 沈国舫. 科学术语"生态保护和建设"的三个层次[J]. 语言战略研究, 2018(3): 5-6.

[176] 沈国舫. 在昆明国家公园国际研讨会上的发言: 依据中国国情建设有中国特色的以国家公园为主体的自然保护地体系[J]. 林业建设, 2018(5): 7-8.

[177] 沈国舫. 如何做好一个退休院士[J]. 中国工程院院士通讯, 2019(2): 23.

[178] 沈国舫. 中国的人工林一直肩负生态和生产的双重使命[J]. 中国老教授协会林业专业委员会通讯, 2019(3).

[179] 沈国舫. 对当前践行两山理论一些倾向的看法(基于2019年秋在北林讲堂及江西院士论坛上的报告第四部分) [J]. 中国老教授协会林业专业委员会通讯, 2020(2): 1-7.

[180] 沈国舫. 生态文明与国家公园建设[J]. 北京林业大学学报(社会科学版), 2019, 18(1).

（三）报纸文章

[1] 沈国舫. 树木的生长速度[N]. 人民日报, 1962-02-13(5).

[2] 沈国舫. 从刨坑栽树谈起[N]. 人民日报, 1962-03-04(5).

[3] 沈国舫. 造林的黄金季节[N]. 北京晚报, 1964-03-10(3).

[4] 方舟. 直播和栽植[N]. 北京晚报, 1964-03-10(3). (方舟为沈国舫笔名)

[5] 沈国舫. 造油松混交林[N]. 科学小报, 1964-10-18(3).

[6] 沈国舫. 造油松混交林的方法[N]. 科学小报, 1964-11-01(3).

[7] 沈国舫. 迎接严峻的挑战: 东南亚地区解决农村薪材的措施[N]. 中国农民报, 1984-03-06(4).

[8] 沈国舫. 扩大森林面积，提高森林单产，发展我国林业[N]. 光明日报, 1987-03-13(2).

[9] 沈国舫. 沈国舫教授谈北京造林[N]. 北京科技报, 1987-04-22(2).

[10] 沈国舫. 学林的大学生要勇于到边远地区去[N]. 光明日报, 1987-06-10(2)

[11] 沈国舫. 培养科技人才，促进科技兴林[N]. 科技日报, 1990-02-12(1).

[12] 沈国舫. 让科技成果上山入林: "科技兴林"座谈发言摘要[N]. 光明日报, 1990-02-26(2).

[13] 沈国舫. 在林业质量年里对造林质量的思考[N]. 中国林业报, 1990-03-12(3).

[14] 沈国舫. 为林业建设培养更多的合格人才[N]. 中国林业报, 1990-03-30(3).

[15] 沈国舫, 罗菊春. 充分认识森林在生存环境中的作用[N]. 中国环境报, 1991-03-05(3).

[16] 沈国舫. 两次国际会议的联想[N]. 人民日报(海外版), 1992-01-09(2).

[17] 沈国舫. 沈国舫、庄公惠、王学珍: 也说"教授卖馅饼"[N]. 光明日报, 1993-03-20(2).

[18] 沈国舫. 关于开展新一轮林业发展战略讨论的思考[N]. 中国林业报, 1993-08-10(2).

[19] 沈国舫. 绿化中国造福人类[N]. 人民日报(海外版), 1994-01-05(2).

[20] 沈国舫. 切实保护森林资源，制止林地逆转现象[N]. 人民政协报, 1996-08-15(1).

[21] 沈国舫. 山区发展经济林要注意水土保持[N]. 中国林业报, 1997-07-22(1).

[22] 沈国舫. 植被: 生态环境建设的主题[N]. 科学时报(农业周刊), 2000-01-25(B2).

[23] 沈国舫. 生态环境建设与水资源保护利用(上)[N]. 科技日报, 2000-09-12(7).

[24] 沈国舫. 生态环境建设与水资源保护利用(中)[N]. 科技日报, 2000-10-17(7).

[25] 沈国舫. 生态环境建设与水资源保护利用(下)[N]. 科技日报, 2000-11-07(7).

[26] 沈国舫. 《走近绿色》序[N]. 黑龙江林业报, 2000-12-08(4).

[27] 沈国舫. 2008 世界拥有绿色北京[N]. 北京日报, 2001-04-04(15)

[28] 沈国舫. 西部生态环境建设应遵循什么[N]. 科技日报, 2001-04-13(1).

[29] 沈国舫. 瑞士、奥地利的山地森林经营和我国的天然林保护[N]. 中国绿色时报, 2001-11-16(4).

[30] 徐匡迪, 沈国舫. 创新推动中国水稻产业发展[N]. 科学时报, 2002-09-17(1).

[31] 沈国舫. 常青产业春常在[N]. 科技日报, 2002-10-22(8).

[32] 沈国舫. 林业产业是常青产业[N]. 人民日报, 2002-10-28(11).

[33] 沈国舫. 确立战略, 长期坚持, 中国林业发展前景大有希望[N]. 中国绿色时报, 2002-10-28(4).

[34] 沈国舫. 追捧院士之风不可长[N]. 光明日报, 2003-04-04(B1).

[35] 沈国舫. 2003 年中国工程院院士增选的十个问题[N]. 光明日报, 2003-08-01(B1).

[36] 沈国舫. 承载历史, 积淀文化[N]. 中国新闻出版报, 2004-04-26(3).

[37] 沈国舫. 让母亲河清流长存[N]. 人民日报, 2004-12-21(14).

[38] 沈国舫. 保护森林资源是首要问题[N]. 科学时报, 2005-04-06(A4).

[39] 沈国舫. "生态环境建设"一词使用不准确[N]. 光明日报, 2005-06-16(5).

[40] 沈国舫. 院士制度: 在实践中完善[N]. 光明日报, 2006-01-05(6).

[41] 钱正英, 石玉林, 沈国舫, 等. 构建资源节约环境友好的新东北[N]. 光明日报, 2006-03-03(10).

[42] 沈国舫. 实施森林科学经营, 振兴东北林业基地[N]. 科学时报, 2006-03-09(A2).

[43] 沈国舫. 增加植被覆盖, 减少尘土飞扬[N]. 人民日报, 2006-06-20(14).

[44] 沈国舫, 尹伟伦, 冯宗炜. 林业应对气候变暖专家如是说[N]. 中国绿色时报, 2007-03-06(A3).

[45] 夏日, 郑国光, 沈国舫, 等. 富起来, 如何"牵手"绿起来? [N]. 中国绿色时报, 2007-08-29(4).

[46] 沈国舫. 做生态文明建设的排头兵[N]. 中国绿色时报, 2007-10-24(4).

[47] 沈国舫, 张齐生, 陈克复, 等. 关于鼓励和支持家具行业及其出口的建议[N]. 中国绿色时报, 2008-03-20(B01).

[48] 沈国舫. 科学定位育林在生态文明建设中的地位[N]. 中国科学报, 2012-08-25(A3).

[49] 沈国舫. 育林在生态建设中的作用毋庸置疑[N]. 中国绿色时报, 2012-09-18(11).

[50] 沈国舫. 生态文明建设·绿色经济·林业[N]. 中国绿色时报, 2012-11-29(A1-B2).

[51] 沈国舫. 在顺应自然下有所作为[N]. 中国绿色时报, 2012-12-17(A4).

[52] 沈国舫. 植树造林无悖生态建设[N]. 中国绿色时报, 2012-12-19(A1).

[53] 沈国舫. 木本粮油之外, 木本饲料扛旗: 饲料桑产业形成给我们的启示[N]. 中国绿色时报, 2014-03-18(A1-B2).

[54] 沈国舫. 我的绿化祖国梦: 在中国海洋大学"科学·人文·未来"论坛上的演讲稿[N]. 中国绿色时报, 2014-12-03(A1).

[55] 沈国舫. 学习推广好塞罕坝林场经验: 在中宣部召开的讨论会上的讲话[N]. 人民日报, 2017-09-07.

[56] 沈国舫. "两山论"与生态系统可持续经营[N]. 中国绿色时报, 2017-12-18.(全文刊于中国老教授协会林业专业委员会通讯2018年2期).

[57] 沈国舫. 森林生态系统获取经济收益的四种途径[N]. 中国绿色时报, 2017-12-19.

[58] 沈国舫. 统筹山水林田湖草系统治理[N]. 中国绿色时报, 2017-12-28(A3).

[59] 沈国舫. 加拿大国家公园和生态保育[N]. 中国绿色时报, 2018-04-16.

[60] 沈国舫. 根在南方(院士的长三角情缘) [N]. 新民晚报, 2019-04-28.

[61] 沈国舫. 从两山论看森林生态系统管护[N]. 中国自然资源报, 2019-05-10.

[62] 沈国舫. 森林生态保护须更新认知[N]. 中国科学报, 2020-08-24.

[63] 沈国舫. 学习塞罕坝人实事求是的科学精神[N]. 科技日报, 2021-08-26.

[64] 沈国舫. 伐木本无过, 森林可持续经营更有功[N]. 中国科学报, 2022-03-28.

（四）主要译作

[1] 克拉依聂夫. 大阿那道尔百年草原造林经验[M]. 沈国舫, 译. 北京: 中国林业出版社, 1957.

[2] 拉夫利宁柯.乌克兰的造林类型[M]. 沈国舫, 等, 译. 北京: 中国林业出版社, 1959.

[3] 齐莫费也夫. 林分的密度和成层性是提高林分生产力的条件[J]. 沈国舫, 译. 林业科学, 1960(3): 249-261.

[4] THOMAS C N. 南方松的间伐强度和间伐方式对立木生长量的影响[J]. 沈国舫, 译. 林业科技译丛, 1976(1): 21-24.

[5] STEINBRENNER E C. 影响加州铁杉林生产力的因子[M]. 沈国舫, 译// 中国林业科学研究院科技情报研究所. 立地分类和评价. 北京: [出版者不详], 1980: 88-95.

[6] OLSON J. 森林生态系统的生产力[M]. 沈国舫, 译// 于拔. 植物生态学译丛: 第四集. 北京: 科学出版社, 1982: 83-96.

[7] SMITH D. 实用育林学[M]. 王志明, 刘春江, 周祉, 翟明普, 译. 沈国舫, 总校. 北京: 中国林业出版社, 1990.

[8] DAVIS C, ROBERTS K. 人工林培育[M]. 沈国舫, 译// 徐有芳. 第十届世界林业大会文献选编. 北京: 中国林业出版社, 1992: 270-276.

# 后　记

当给书稿画上句号，回想一年半来的字斟句酌、反复打磨，我舒缓一口气的同时，仍不敢懈怠。想起筹划书稿之初，紧张与兴奋并存，紧张源于自知才疏笔陋，恐难承先生思想研究之重任；兴奋则因为伴随先生12年的工作时光，从理论研究层面再次深度认识中国林业界的泰斗，乃吾之幸事。

而当我一次次徜徉在先生浩如烟海的学术著作、教研论文之中，一次次读罢先生的文章已至深夜，掩卷思忖所得颇丰之时，我才恍然大悟：那祖国至上、无私奉献的报国情怀，全情投入、潜心学术的工匠精神，严谨谦和、诲人不倦的大师风范，都付诸先生一篇篇论文的笔端，也融入我与先生的每一次接触交流之中。能在大师身边近距离学习、体会、感悟和理解，实乃吾之大幸！

如何把幸运之事，作出满意的结果。我注重从"理、人、法"入手，全力展示先生思想之博大深厚与生命力之旺盛。

首先，先生学术思想的研究是科技史学研究中工程大师的个案范例，学理要通。林业科技重大理论贡献和相关建议自然是核心内容，而先生担任过北京林业大学校长、中国工程院副院长等职，对于林业高等教育的阐释、人才培养的成效，以及由此形成的学术团队影响力，也应是其学术思想的重要组成。同样的，先生对我国生态环境保护和建设领域的国家政策制定作出的卓越贡献，不能因为其内容是战略政策建议而拒于学术思想的研究之外。

其次，先生学术思想是他漫漫人生持续积累、反思、融汇、提升形成的精华，人物要活。把人物主体置于国家发展的重要时刻，置于社会情势的影响之中，才更能直观感受先生在北京西山实践雨季造林，看到天气阴沉，二话不说背着树苗就上山的冲劲；才能更深入体会先生在返京复校之后，与学生站在一起，誓要收回校园的坚毅；才能更深刻理解先生主编《森林培育学》《中国主要树种造林技术》，比肩国际水准、开创中国学术气派的喜悦；才能更深入领悟先生在三峡工程建设第三方独立评估的后记中写下"深受教育，引以为荣"的骄傲与自豪。

第三，先生学术思想的研究在中国林业界当属首次，法度要准。引文文献史料原始溯源，保证出处正确、引用精准；评述尊重史实，不能过分夸大，也不能缺乏自信；用辩证唯物、动态发展的观点深刻认识先生学术思想对于我国林业事业的重要程度，言之有据、合情合理。

然受篇幅和能力所限，全书史料尚足但分析不深，略存遗憾。如，先生学术思想中的森林哲学观点剖析尚浅，生态保护与建设领域的战略思想分析略少，后续将精深完善。书稿撰写不易，借此向杜娟、樊菲两位编辑字斟句酌的校审，向高培厚、梁若昕、宋和、姜玥协助我整理资料、美化图表的付出，致以衷心感谢。

值此先生八十九岁上寿之际，谨以此书恭祝先生身体康健、欢乐远长。

杨金融

2022年6月16日于北京林业大学

亲爱的沈院士：

亲爱的读者：

　　本书在编写过程中搜集和整理了大量的图文资料，但难免仓促和疏漏，如果您手中有院士的图片、视频、信件、证书，或者想补充的资料，抑或是想对院士说的话，请扫描二维码进入留言板上传资料，我们会对您提供的宝贵资料予以审核和整理，以便对本书进行修订。不胜感谢！

留言板

来信请寄：北京市西城区刘海胡同7号中国林业出版社316室　　100009